1+X 职业技术·职业资格培训教材

# 数控加工基础

主 编 李蓓华　　主 审 何亚飞

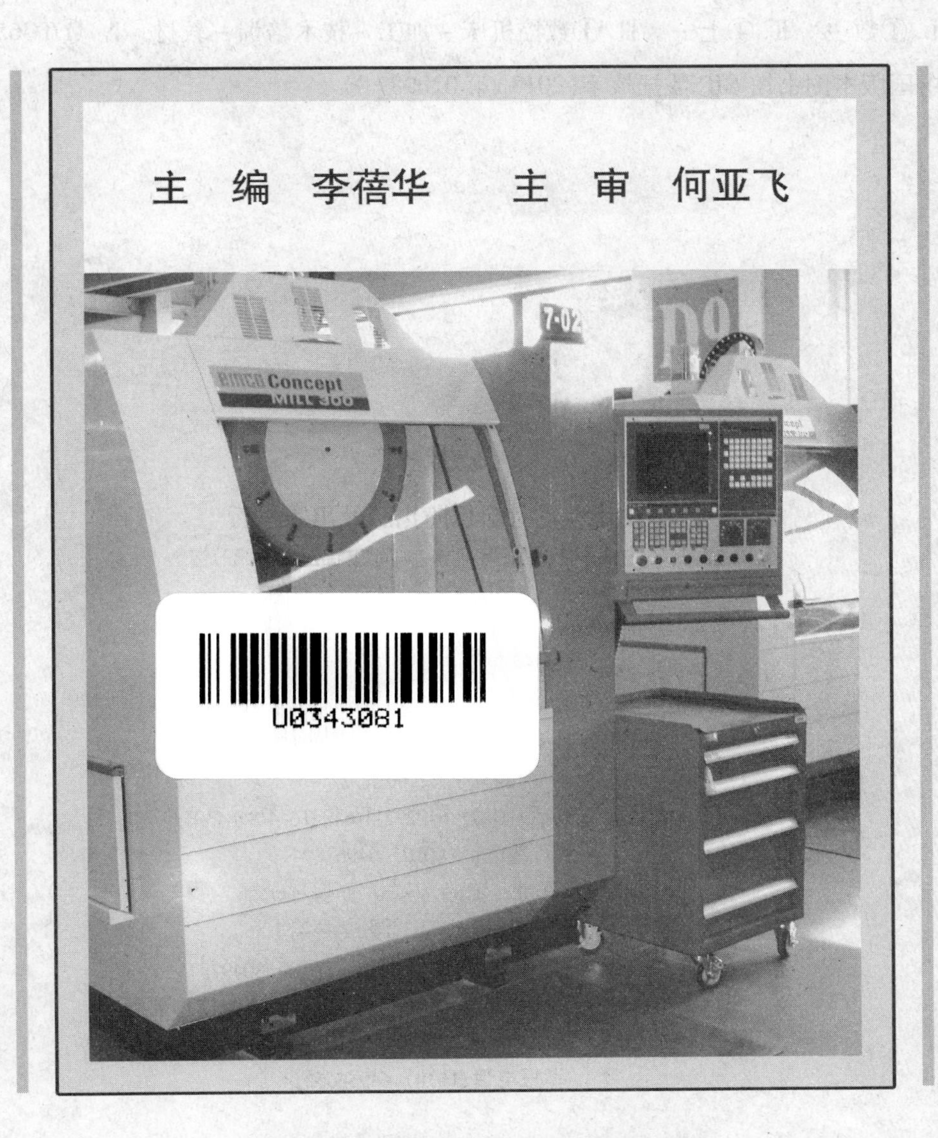


中国劳动社会保障出版社

**图书在版编目(CIP)数据**

数控加工基础/上海市职业技能鉴定中心组织编写. —北京：中国劳动社会保障出版社，2013

1+X职业技术·职业资格培训教材

ISBN 978-7-5167-0177-5

Ⅰ.①数… Ⅱ.①上… Ⅲ.①数控机床-加工-技术培训-教材 Ⅳ.①TG659

中国版本图书馆CIP数据核字(2013)第020987号

**中国劳动社会保障出版社出版发行**

(北京市惠新东街1号 邮政编码：100029)

出 版 人：张梦欣

*

北京北苑印刷有限责任公司印刷装订 新华书店经销

787毫米×1092毫米 16开本 9.75印张 181千字

2013年3月第1版 2013年3月第1次印刷

**定价：22.00元**

读者服务部电话：(010) 64929211/64921644/84643933

发行部电话：(010) 64961894

出版社网址：http: //www.class.com.cn

# 内容简介

本教材由人力资源和社会保障部教材办公室、上海市职业技能鉴定中心依据上海1+X数控铣工、数控车工、加工中心操作工职业四级、三级技能鉴定细目组织编写。教材从强化培养操作技能，掌握实用技术的角度出发，较好地体现了当前最新的实用知识与操作技术，对于提高从业人员基本素质，掌握数控铣工、数控车工、加工中心操作工基础知识有直接的帮助和指导作用。

本教材在编写中根据本职业的工作特点，以能力培养为根本出发点，采用模块化的编写方式。全书共分为2章，内容包括：基本要求、工艺准备等。

本教材由李蓓华编写，全书由李蓓华修改统稿。本教材可作为数控铣工、数控车工、加工中心操作工各等级职业技能培训与鉴定考核参考教材，也可供全国中、高等职业技术院校相关专业师生参考使用，以及本职业从业人员培训使用。

# 前　言

职业资格证书制度的推行，对广大劳动者系统地学习相关职业的知识和技能，提高就业能力、工作能力和职业转换能力有着重要的作用和意义，也为企业合理用工以及劳动者自主择业提供了依据。

随着我国科技进步、产业结构调整以及市场经济的不断发展，特别是加入世界贸易组织以后，各种新兴职业不断涌现，传统职业的知识和技术也愈来愈多地融进当代新知识、新技术、新工艺的内容。为适应新形势的发展，优化劳动力素质，上海市人力资源和社会保障局在提升职业标准、完善技能鉴定方面做了积极的探索和尝试，推出了1＋X的鉴定考核细目和题库。1＋X中的1代表国家职业标准和鉴定题库，X是为适应上海市经济发展的需要，对职业标准和题库进行的提升，包括增加了职业标准未覆盖的职业，也包括对传统职业的知识和技能要求的提高。

上海市职业标准的提升和1＋X的鉴定模式，得到了国家人力资源和社会保障部领导的肯定。为配合上海市开展的1＋X鉴定考核与培训的需要，人力资源和社会保障部教材办公室、上海市职业技能鉴定中心联合组织有关方面的专家、技术人员共同编写了职业技术·职业资格培训系列教材。

职业技术·职业资格培训教材严格按照1＋X鉴定考核细目进行编写，教材内容充分反映了当前从事职业活动所需要的最新核心知识与技能，较好地体现了科学性、先进性与超前性。聘请编写1＋X鉴定考核细目的专家，以及相关行业的专家参与教材的编审工作，保证了教材与鉴定考核细目和题库的紧密衔接。

职业技术·职业资格培训教材突出了适应职业技能培训的特色，按等级、分模块单元的编写模式，使学员通过学习与培训，不仅能够有助于通过鉴定考核，而且能够有针对性地系统学习，真正掌握本职业的实用技术与操作技能，从而实现我会做什么，而不只是我懂什么。

本教材结合上海市对职业标准的提升而开发，适用于上海市职业培训和职业资格鉴定考核，同时，也可为全国其他省市开展新职业、新技术职业培训和鉴定考核提供借鉴或参考。

新教材的编写是一项探索性工作，由于时间紧迫，不足之处在所难免，欢迎各使用单位及个人对教材提出宝贵意见和建议，以便教材修订时补充更正。

人力资源和社会保障部教材办公室

上海市职业技能鉴定中心

# 目　录

## 第1章　基本要求

# 1

# 第1章

## 基本要求

# 第 1 节　职业道德和职业守则

## 学习单元 1　职业道德

### 学习目标

➢熟悉职业道德的内涵和特点。

➢熟悉职业道德与市场经济、个人发展和企业发展的关系。

### 知识要求

### 一、职业道德的内涵和特点

**1. 职业道德的内涵**

道德是对人类而言的，非人类不存在道德问题。道德是区别人与动物的一个很重要的标志。道德是一定社会、一定阶级向人们提出的处理人与人、个人与社会、个人与自然之间各种关系的一种特殊的行为规范。例如，在处理公共道德关系时要求人们做到文明礼貌、互相帮助、尊老爱幼、遵纪守法、保护环境、货真价实、童叟无欺、公平交易等。总之，道德就是告诉人们言行“应该”怎样和“不应该”怎样的问题。其目的就是规范人们的言行，使其成为对社会有益的人。

所谓职业道德，是指从事一定职业劳动的人们，在特定的工作和劳动中以内心信念和特殊社会手段来维系的，以善恶进行评价的心理意识、行为原则和行为规范的总和，它是人们从事职业的过程中形成的一种内在的、非强制性的约束机制。

**2. 职业道德的特点**

职业道德具有范围上的有限性、内容上的稳定性和连续性、形式上的多样性三方面的特点。职业道德运用范围的有限性不是指公共道德关系。职业道德的形式因行业而异。

## 二、职业道德关联性

**1．职业道德与市场经济**

在实行社会主义市场经济的过程中，我国的政治、经济、文化等方面发生的巨大变化给职业道德建设主要带来了正面的影响。市场经济是一种自主经济，它激励人们最大限度地发挥自主性；它是一种竞争经济，激发人们积极进取；它也是一种经济利益导向经济，要求人们义利并重。它重视科技，要求人们不断地更新知识、学习科学技术，增强了人们学习创新的道德观念。

**2．职业道德与个人发展**

职业道德是人格的一面镜子。人的职业道德品质反映了人的整体道德素质。职业劳动不仅是一种生产经营的职业活动，也是一种能力、纪律和品质的训练。职业道德是事业成功的保证，成功人士往往都具有较高的职业道德。

**3．职业道德与企业发展**

职业道德不仅对个人的生存及发展有重要的作用和价值，而且与企业的发展也密切相关。

职业道德是企业文化的重要组成部分。职工是企业的主体，职工的诚实劳动体现的是忠诚于所属企业，企业文化对企业的发展、社会的进步具有重要的作用，它必须借助职工的各种生产、经营和服务行为来实现。

职业道德是增强企业凝聚力的手段。职业道德有利于协调职工之间、职工与领导之间以及职工与企业之间的关系。而良好的人际关系同样也体现出企业良好的管理和技术水平。

# 学习单元2　职业守则

## 学习目标

➤熟悉爱岗敬业与诚实守信。

➤熟悉办事公道与文明礼貌。

➤了解勤劳节约与遵纪守法。

➤熟悉团结互助与开拓创新。

## 知识要求

### 一、爱岗敬业与诚实守信

爱岗敬业属于职业道德范畴，它作为一种职业道德规范，是用人单位挑选人才的一项非常重要的标准。它要求人们树立职业理想，强化职业责任，提高职业技能。

职业理想分为三个层次，低层次的理想是希望工作可以维持自己和家庭的生存，过安定的生活；较高层次的理想是希望工作可以适合个人的能力和爱好，可以充分发挥自己的各种专长；再高层次的理想是通过工作承担社会义务，为他人服务。

对于一名数控操作工来说，爱岗敬业还应体现在热爱数控操作工这个职业上。在工作中，要努力学习新知识、新技能，勇于开拓创新；爱护机床、设备，爱护工具、量具；保持工作环境清洁、有序，做到文明操作数控车床，如图1—1所示。这些很平凡的事，却能反映一个人的精神面貌和基本职业素质。

图1—1 文明操作数控机床

诚实守信是为人之本、从业之要。遵守诚实守信的职业道德规定，从业人员必须忠诚于所属企业，维护企业的信誉，保守企业的秘密。

忠诚于所属企业首先要做到诚实劳动，不以次充好、短斤少两。其次要关心企业发展，积极参与企业的经营管理，为企业的发展献计献策。最后要遵守合同和契约，是否履行契约、依法办事是从业人员是否忠诚于所属企业的一个重要表现。对从业人员来说，遵守合同和契约是一种义务，是对企业忠诚的表现，也是法律的强制要求。

### 二、办事公道与文明礼貌

办事公道是人加强自身道德品质修养的基本内容，也是社会主义市场经济条件下企业活动的根本要求。作为一名职工，在处理个人与国家、集体、他人的关系时，必须做到公私分明、公平公正、光明磊落。

办事公道的前提是做到公私分明，最根本的就是不能凭借自己手中的职权谋取个人私利，损害社会集体利益和他人利益。公平公正是指按照原则办事，处理事情合情合理，不徇私情。光明磊落是指做人做事没有私心，胸怀坦荡，行为正派。一个光明磊落的人应当说老实话、办老实事、做老实人，在任何时候都言行一致。

文明礼貌是从业人员的基本素质，是树立企业形象的重要内容。作为社会主义职业道德的一条重要规范，它是人们在职业实践中长期修养的结果。从业人员应该严格要求自己，按照文明礼貌的具体要求从事职业活动，为塑造良好的企业形象贡献自己的力量。

### 三、勤劳节约与遵纪守法

勤劳节约是中华民族的传统美德，也是中国共产党的优良作风。勤劳，就是辛勤劳动，努力生产物质财富和精神财富。节俭，就是节制、节省、爱惜公共财物和社会财富以及个人的生活用品。

在发展社会主义市场经济的新形势下，提倡勤劳节约有利于防止腐败。勤劳节约的崇高目标就是造就良好的社会道德风尚，使社会稳定且具有凝聚力，促进国家长治久安、和谐发展。

遵纪守法作为社会主义职业道德的一条重要规范，是从业人员职业生活正常进行的基本保障，是文明职工的基本要求。

遵纪守法是指每名从业人员都要遵守纪律和法律，尤其要遵守职业纪律和与职业活动相关的法律、法规。做到学法、知法、守法、用法，遵守企业纪律和规范。仅仅知法、懂法并不意味着具有法制观念，法制观念的核心在于能用法律来衡量、约束自己的行为，在于守法。

### 四、团结互助与开拓创新

团结互助是指人与人之间的关系中，为了实现共同的利益和目标，互相帮助、互相支持、团结协作、共同发展。

在职业活动中，平等尊重、相互信任是团结互助的基础和出发点。团结互助又是处理个人之间和集体之间关系的重要道德规范，要树立全局观念，不计较个人得失，自觉服从整体利益。团结互助的中心环节是互相学习，要正确看待自己，谦虚谨慎，善于学习别人的长处，在相互学习和交流中加强合作，共同提高。

创新是指人们为了发展的需要，运用已知的信息，不断突破常规，发现或产生某种新颖、独特的有社会价值或个人价值的新事物、新思想的活动。开拓创新的本质是要有突破，突破旧的思维定式。

数控加工技术属于先进技术，作为这一高新技术的操作者，开拓创新既能提高自身的职业能力，又能积极推动数控技术的发展。要注重培养创造意识，有敏锐发现问题的能力，不断提高自己解决问题的能力。例如，在工作中善于思考数控环境的保护、低碳的排放和加工的经济性等方面的问题，多提合理化、创新建议等。如图 1—2 所示为一台数控机床加工时的状态。

图 1—2　数控机床加工状态

# 第 2 节　计算机基础

## 学习单元 1　基本原理

### 学习目标

➢熟悉计算机系统的组成。

➢熟悉数制的概念，了解数制之间的转换。

➢了解计算机编码，了解二进制数的运算。

### 知识要求

### 一、计算机系统的组成

计算机系统由硬件和软件两个主要部分组成。

**1. 硬件**

计算机的硬件由主机和外部设备组成，主机由 CPU、内存储器、主板（总线系统）构成，外部设备由输入设备（如键盘、鼠标等）、外存储器（如光盘、硬盘、U 盘等）、输出设备（如显示器、打印机等）组成。计算机硬件的组成如图 1—3 所示。其中，微处理器又称 CPU（Central Processing Unit），是计算机的运算、控制中心，用来实现算术、逻辑运算，并对全机进行控制。

计算机硬件系统的存储器分为内存储器和外存储器。内存储器又分为随机存储器和只读存储器两种：前者称为 RAM（Random Access Memory），后者称为 ROM（Read Only Memory）。外存储器一般指软盘存储器、光盘存储器、硬盘存储器和可移动存储设备等。

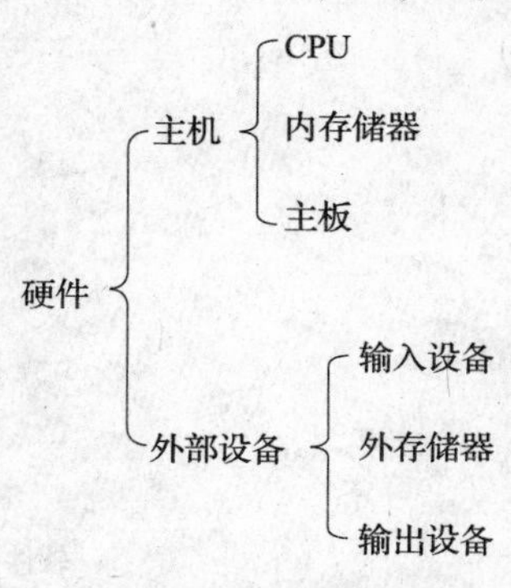

图 1—3　计算机硬件的组成

只读存储器 ROM 内部的信息是事先就存放好的，计算机在使用过程中，可以将其内部的信息读出来并利用，但是无法将相应的信息写入 ROM 内。因此，一般认为 ROM 内的信息是固有、固定的信息，所以，无论计算机是否开启，里面的信息始终保存不变，不会因为断电而消失。

而 RAM 则不同，RAM 里面保存的是临时的信息，即计算机开启以后，如果有操作或者有程序在运行，那么，其内部会临时保存部分信息，以方便操作时的需要。例如，复制一个对象后，这个对象的“克隆”体就存在 RAM 内。但是，当计算机断电之后，RAM 内的信息就会完全消失，再次启动计算机之后，里面的信息再也无法找回。

输入/输出（I/O）芯片是计算机与输入、输出设备之间的接口。输入设备是将外界的各种信息（如程序、数据、命令等）送入计算机内部的设备。常用的输入设备有键盘、鼠标、扫描仪、条形码读入器等。输出设备是将计算机处理后的信息以人们能够识别的形式（如文字、图形、数值、声音等）进行显示和输出的设备。常用的输出设备有显示器、打印机、绘图仪等。

**2. 软件**

计算机软件通常分为系统软件和应用软件两大类。软件系统的组成如图 1—4 所示。系统软件是指不需要用户干预的，能生成、准备和执行其他程序所需的一组程序。应用软件是使用者为解题或实现检测与实时控制等不同任务所编制的应用程序。

操作系统是一套复杂的系统软件，用于提供人机接口和管理、调度计算机的所有硬件与软件资源。其中，最为重要的核心部分是常驻监控程序。计算机开机后，常驻监控程序始终存放在内存中，它接受用户命令，并启动操作系统执行相应的操作。

计算机数控系统（Computer Numerical Control，简称 CNC）的 CNC 装置也是由硬件和软件组成的，CNC 的硬件为一专用计算机，由软件来实现数控功能，带动机床传动机构按要求的程序自动进行工作，加工出图样要求的零件。

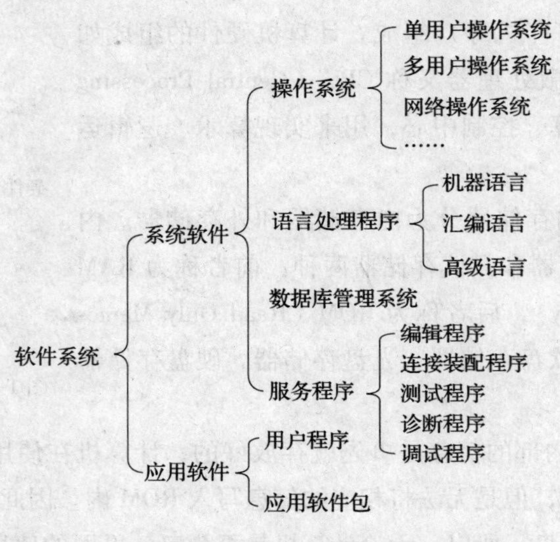


图 1—4　计算机软件系统的组成

## 二、数制

计算机最基本的功能是进行大量“数”的计算与加工处理，但计算机只能“识别”二进制数，因此，计算机的基本语言是二进制数及其编码。在计算机中还有采用八进制和十六进制的表示法，它们用二进制数表示和处理非常方便。

**1. 数制的概念**

所谓数制，是指按进位的方法来进行计数的一种规则，也叫进位制。对于任何一个数，都可以用不同的进位制来表示。

（1）十进制数。在进位制中，常常要用“基数”（或称底数）来区别不同的数制，而某进位制的基数就是该进位制所用字符或数码的个数。如十进制数用 10 个数码表示数的大小，故其基数为 10，进位时“逢十进一”。

一个十进制数中的每一位都具有其特定的权，称为位权或简称“权”。如 $(999.99)_{10}$（10 表示基数）按位权展开可以写成：

$$(999.99)_{10}=9\times10^{2}+9\times10^{1}+9\times10^{0}+9\times10^{-1}+9\times10^{-2}$$

其中，每个位权由基数的 $n$ 次幂来确定。在十进制中，整数的位权是 $10^{0}$（个位）、$10^{1}$（十位）、$10^{2}$（百位），小数的位权是 $10^{-1}$（十分位）、$10^{-2}$（百分位）。

（2）二进制数。进位计数制中最简单的是二进制数，它只包括“0”和“1”两个不同的数码，即基数为 2，当计数时，进位原则是“逢二进一”，即上一位（左）的权是下一位（右）权的 2 倍。如二进制数 $(1101.11)_2$ 按位权展开可以写成：

$$(1101.11)_2 = 1 \times 2^3 + 1 \times 2^2 + 0 \times 2^1 + 1 \times 2^0 + 1 \times 2^{-1} + 1 \times 2^{-2}$$
$$= 8 + 4 + 1 + 0.5 + 0.25 = (13.75)_{10}$$

（3）八进制数。八进制的基数为 8，有 8 个数码 0～7，逢八进一（加法运算），借一当八（减法运算）。如 $(5346)_8$ 相当于十进制数为：

$$5 \times 8^3 + 3 \times 8^2 + 4 \times 8^1 + 6 \times 8^0 = (2790)_{10}$$

（4）十六进制数。计算机中最常用的一种数制是十六进制数。它在数的结构上类似于八进制。十六进制数易于与二进制数转换，且比八进制更能简化数据的输入和显示。

十六进制的基数为 16。有 16 个数码 0～9、A、B、C、D、E、F。在 16 个数码中，A、B、C、D、E 和 F 这 6 个数码分别代表十进制的 10、11、12、13、14 和 15，这是国际上通用的表示法。逢十六进一（加法运算），借一当十六（减法运算）。如十六进制数 $(4C4D)_{16}$ 代表的十进制数为：

$$4 \times 16^3 + C \times 16^2 + 4 \times 16^1 + D \times 16^0 = (19533)_{10}$$

**2. 数制之间的转换**

不同数制之间进行转换应遵循转换原则。转换原则是：两个有理数如果相等，则有理数的整数部分和分数部分一定分别相等。也就是说，若转换前两数相等，转换后仍必须相等，数制的转换要遵循一定的规律。

（1）二进制数转换成十进制数。将二进制数转换成十进制数，只要将二进制数用计数制通用形式表示出来，计算出结果，便得到相应的十进制数。如 $(11011011)_2$ 转换成十进制数为：

$$(11011011)_2 = 1 \times 2^7 + 1 \times 2^6 + 0 \times 2^5 + 1 \times 2^4 + 1 \times 2^3 + 0 \times 2^2 + 1 \times 21 + 1 \times 2^0 = (219)_{10}$$

（2）十进制数转换成二进制数。整数部分的转换采用的是除 2 取余法。其转换原则是：将该十进制数除以 2，得到一个商和余数（$K_0$），再将商除以 2，又得到一个新的商和余数（$K_1$），如此反复，得到的商是 0 时得到余数（$K_{n-1}$），然后将所得到的各位余数以最后余数为最高位，最初余数为最低位依次排列，即 $K_{n-1}K_{n-2} \cdots K_1K_0$，这就是该十进制数对应的二进制数。这种方法又称为“倒序法”。如将 $(126)_{10}$ 转换成二进制数。

| 除数 | 被除数/商 | 余数 | | |
|---|---|---|---|---|
| 2 | 126 | ………… 余 0 | $(K_0)$ | 低 |
| 2 | 63 | ………… 余 1 | $(K_1)$ | ↑ |
| 2 | 31 | ………… 余 1 | $(K_2)$ | |
| 2 | 15 | ………… 余 1 | $(K_3)$ | |
| 2 | 7 | ………… 余 1 | $(K_4)$ | |
| 2 | 3 | ………… 余 1 | $(K_5)$ | |
| 2 | 1 | ………… 余 1 | $(K_6)$ | 高 |
| | 0 | | | |

结果为：$(126)_{10}=(1111110)_2$

## 三、编码

### 1. 二进制编码

在计算机中数据单位如下：

（1）位（bit）。计算机只能识别二进制数，即在计算机内部，运算器运算的是二进制数。在计算机中数据的最小单位是“位”。位是指一位二进制数码“0”或“1”。

（2）字节（byte）。为了表示计算机数据中的所有字符（包括各种符号、数字、字母等），需要7~8位二进制数表示。因此，人们选定8位为1个字节。即1个字节由8个二进制数位组成。字节是计算机中用来表示存储空间大小的最基本的容量单位。

（3）字（word）。字是由若干字节构成的（一般为字节的整数倍）。它是计算机进行数据处理和运算的单位。

数据的另一个单位就是计算机的字长。字长是计算机性能的重要标志。不同档次的计算机有不同的字长。按计算机的字长可分为8位机（如苹果Ⅱ）、16位机（如286机）、32位机（如386、486机）、64位机（如PentiumⅡ、Ⅲ）等。

字长越长，在相同时间内能传送的信息越多，计算机运算速度越快；字长越长，可以有更大的寻址空间，主存储器容量越大；字长越长，系统支持的指令越多，功能越强。

由于计算机只能识别二进制数，因此，输入的信息（如数字、字母、符号等）都要转化成特定的二进制码来表示，这就是二进制编码。

### 2. 汉字编码

英文所有单词均由26个字母拼组而成，所以使用一个字节表示一个字符足够了。但汉字是象形文字，汉字的计算机处理技术比英文字符复杂得多，一般用两个字节表示一个汉字。由于汉字有一万多个，常用的也有六千多个，所以编码采用两字节的低7位共14个二进制位来表示。一般汉字的编码方案要解决4种编码问题。

（1）汉字交换码。汉字交换码主要用于汉字信息的交换。以国家标准局1980年颁布的《信息交换用汉字编码字符集基本集》（GB 2312—80）规定的汉字交换码作为国家标准汉字编码，简称国标码。

（2）汉字机内码。汉字机内码又称内码或汉字存储码。该编码的作用是统一了各种不同的汉字输入码在计算机内的表示。汉字机内码是计算机内部存储、处理的代码。

（3）汉字输入码。汉字输入码也叫外码，是为了通过键盘字符把汉字输入计算机而设计的一种编码。

（4）汉字字形码。汉字在显示和打印输出时，是以汉字字形信息表示的，即以点阵的方式形成汉字图形。汉字字形码是指确定一个汉字字形点阵的代码。一般采用点阵字形表示字符。

## 四、二进制数的运算

二进制数的运算包括算术运算和逻辑运算。

**1. 算术运算**

二进制数的算术运算包括加法、减法、乘法和除法运算。

二进制数的加法运算法则是：0 +0 =0，0 +1 =1 +0 =1，1 +1 =10（向高位进位）。二进制数的减法运算法则是：0 -0 =1 -1 =0，1 -0 =1，10 -1 =1（借 1 当二）。二进制数的乘法运算法则是：0 ×0 =0，0 ×1 =1 ×0 =0，1 ×1 =1。二进制数的除法运算法则是：0 ÷0 =0，0 ÷1 =0（1 ÷0 无意义），1 ÷1 =1。

**2. 逻辑运算**

在计算机中，除了能表示正负、大小的“数量数”以及相应的加、减、乘、除等基本算术运算外，还能表示事物逻辑判断，即“真”“假”“是”“非”等“逻辑数”的运算。能表示这种数的变量称为逻辑变量。在逻辑运算中，都是用“1”或“0”来表示“真”或“假”的，由此可见，逻辑运算是以二进制数为基础的。

逻辑运算主要包括的运算有逻辑加法（又称“或”运算）、逻辑乘法（又称“与”运算）和逻辑“非”运算。此外，还有“异或”运算。

（1）与运算（乘法运算）。逻辑与运算常用符号“×”“∧”或“&”来表示。如果 A、B、C 为逻辑变量，则 A 和 B 的逻辑与可表示成 A ×B = C、A ∧ B = C 或 A&B = C，读作“A 与 B 等于 C”。一位二进制数的逻辑与运算规则见表 1—1。

**表 1—1　　与运算规则**

| A | B | A ∧ B（C） |
|---|---|---|
| 0 | 0 | 0 |
| 0 | 1 | 0 |
| 1 | 0 | 0 |
| 1 | 1 | 1 |

由表 1—1 可知，逻辑与运算表示只有当参与运算的逻辑变量取值都为 1 时，其逻辑乘积才等于 1，即一假必假，两真才真。两个逻辑变量中，只要有一个为 0，其运算结果就为 0。

（2）或运算（加法运算）。逻辑或运算通常用符号“+”或“∨”来表示。如果 A、

B、C 为逻辑变量，则 A 和 B 的逻辑或可表示成 A + B = C 或 A∨B = C，读作“A 或 B 等于 C”。其运算规则见表 1—2。

表 1—2　　运算规则

| A | B | A∨B（C） |
| --- | --- | --- |
| 0 | 0 | 0 |
| 0 | 1 | 1 |
| 1 | 0 | 1 |
| 1 | 1 | 1 |

由表 1—2 可知，逻辑或运算表示在给定的逻辑变量中，A 或 B 只要有一个为 1，其逻辑或的值为 1；只有当两者都为 0 时，逻辑或才为 0。即一真必真，两假才假。

（3）非运算（逻辑否定、逻辑求反）。设 A 为逻辑变量，则 A 的逻辑非运算记作 $\overline{A}$。逻辑非运算的规则为：如果不是 0，则唯一的可能性就是 1；反之亦然。

（4）异或运算（半加运算）。逻辑异或运算符为“⊕”。如果 A、B、C 为逻辑变量，则 A 和 B 的逻辑异或可表示成 A⊕B = C，读作“A 异或 B 等于 C”。在给定的两个逻辑变量中，两个逻辑变量取值相同时，异或运算的结果为 0；相异时，结果为 1。即一样时为 0，不一样时为 1。

## 学习单元 2　基本操作

### 学习目标

➢掌握计算机的启动与关闭。

➢掌握计算机文件的建立、保存和打开。

➢掌握计算机文件的复制、粘贴和剪切。

### 知识要求

#### 一、计算机的启动与关闭

计算机启动是指从自检完毕到进入操作系统应用界面的过程，断电状态下启动为计算机冷启动，通电状态下启动为计算机热启动。冷启动也叫加电启动，一般指在关机状态下启动操作系统。加电的顺序是：先开打印机、显示器等外部设备，然后打开主机的电源开关。热启动是指在计算机已经开启的状态下，通过键盘重新引导操作系统。一般在死机时才使用，其方法是左手按住“Ctrl”和“Alt”键不放开，右手按下“Del”键，然后同时放开。热启动不进行硬件自检。

计算机复位启动是指通电状态下的开启方式。复位启动是指在计算机已经开启的状态下，按下主机箱面板上的复位按钮重新启动。一般在计算机的运行状态出现异常，而热启动无效时才使用。

计算机关闭系统是指从点击关闭按钮后到电源断开之间的所有过程。用完计算机以后应将其正确关闭，这一点很重要，不仅是为了节能，还有助于使计算机更安全，并确保数据得到保存。单击“开始”按钮，然后单击“开始”菜单右下角的“关机”按钮。在单击“关机”按钮时，计算机关闭所有打开的程序以及 Windows 本身，然后完全关闭计算机和显示器。关机不会保存当前工作的内容，因此，必须事先保存文件。计算机关闭前的错误操作是切断电源。

## 二、文件的建立、保存和打开

计算机文件（或称文件、计算机档案、档案）是存储在某种长期存储设备上的一段数据流。所谓“长期存储设备”，一般指磁盘、光盘等。其特点是所存信息可以长期、多次使用，不会因为断电而消失。一种重要的文件是文本文件，是由一些字符的串行组成的。二进制文件一般是指除了文本文件以外的文件。虽然一个文件表现为一个单一的流，但它经常在磁盘不同的位置（甚至是多个磁盘）存储为多个数据碎片。操作系统会将它们组织成文件系统，每个文件放在特定的文件夹或目录中。文件是由软件创建的，而且符合特定的文件格式。为此，保存文件时应该指定文件名，指定存取路径。

普通计算机文件夹是协助人们管理计算机文件的，每一个文件夹对应一块磁盘空间，提供了指向对应空间的地址。它没有扩展名，也就不像文件那样用扩展名来标识。但它有几种类型，如数控程序、文档、图片、相册、音乐、音乐集等。

Windows 中的文件多种多样，在系统中用文件名来识别。在同一个文件夹里，不允许有重名的，也就是文件名是唯一的。

### 1. 文件名

查看文件的文件名，系统一般用图标来区别不同的文件，因而扩展名是隐藏的。打开“我的文档”，单击菜单“工具→文件夹选项”，出来一个选项面板，在面板上选择“查看”标签，然后在中间找到“隐藏已知文件类型的扩展名”，单击一下去掉前面的钩，单击“确定”按钮完成，如图1—5所示，这时就可以看到文件的扩展名。扩展名一般是三个字母，如几本叠放书的图标是WinRAR压缩文档，扩展名是rar。给文件起名时，不允许只有扩展名而没有主文件名。

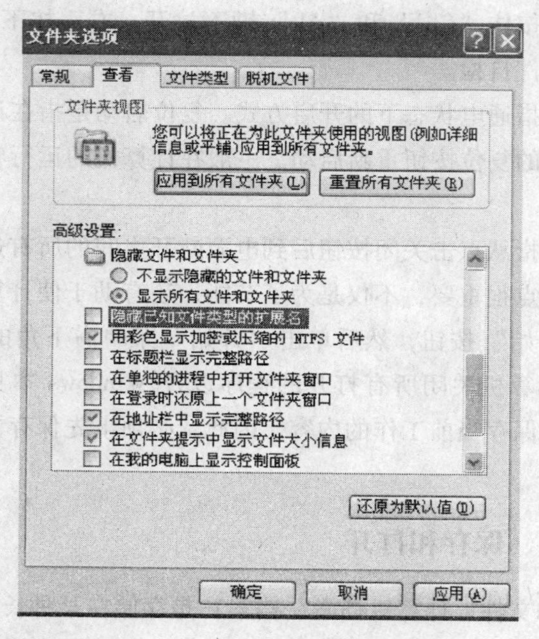


图1—5　文件扩展名的隐藏界面

**2. 扩展名**

常见的文件扩展名有程序文件exe、批处理文件bat、快捷方式lnk、系统文件sys、动态链接库dll、临时文件tmp。文档类、文字类的扩展名有文本文件txt、Word文档doc、WPS文件wps、电子表格xls、幻灯片ppt。多媒体文件的扩展名有MP3音乐文件mp3、WMA音乐文件wma。如数控程序文件包括数控编程指令代码，一般用文本文件txt保存，如图1—6所示。

两个文件不能在一个地方同时存储的条件是主文件名和扩展名均相同。一个文件可以没有扩展名，但必须有主文件名。

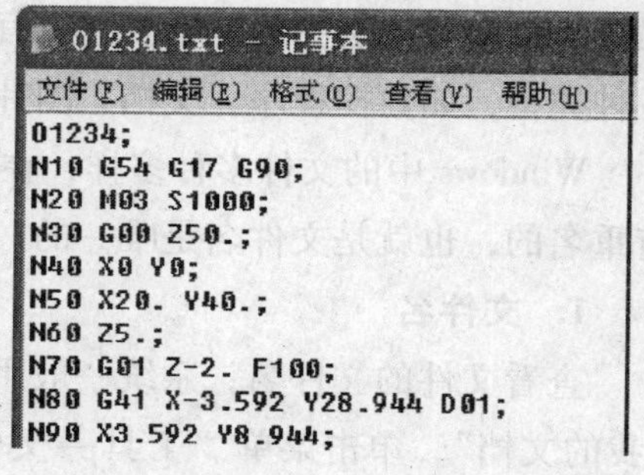


图1—6　数控程序文件

## 三、文件的复制、粘贴和剪切

操作计算机时，可以针对各种对象，诸如文件、文件夹、图片、视频、音乐等进行复制粘贴、剪切粘贴等操作。复制一个对象之后，可以在相同地方或不同位置多次进行粘贴；但是，剪切一个对象之后，只能在某个具体的位置进行一次粘贴。所粘贴出来的对象，无论能粘贴几次，粘贴出几个对象，这些产生的对象与原对象是一模一样的，至少在内容上完全一样。粘贴在相同位置，会产生不同的对象名称，但是内容却一样。

复制粘贴等于对一个对象进行“克隆”，克隆出一模一样的一份，之后可粘贴 *N* 次，原对象仍然保留在原来的地方。但是，剪切粘贴却只相当于移动一个对象，移到新位置之后，原位置的对象将不复存在，这相当于物体经过位移之后到达新的位置了。要想将文件在不同的磁盘之间或不同的文件夹之间移动，可进行剪切粘贴操作。复制粘贴和剪切粘贴的区别是前者保留源文件，后者删除源文件。复制粘贴和剪切粘贴的共同点是均生成目标文件。

经过复制或剪切之后，被操作的对象会在计算机系统的剪贴板里，通过粘贴，对象就从剪贴板里面转移出来。剪贴板属于内存的一部分。复制、剪切对象之后，剪贴板存于内存，内存存于随机存储器 RAM 中。

# 第 3 节　工程材料与金属热处理

## 学习单元 1　金属材料的性能

### 学习目标

- 了解金属材料的使用性能。
- 掌握金属材料的工艺性能。
- 掌握金属材料的切削性能。

### 知识要求

#### 一、金属材料的使用性能

金属材料的使用性能是指在零件使用过程中，为保证零件正常工作所必备的性能。它是选择零件材料时首先要考虑的问题。使用性能包括力学性能、物理性能和化学性能。

金属材料的力学性能是指材料在外力作用下所表现出来的特性，主要有强度、塑性、硬度和韧性等。

金属材料的物理性能是指金属的密度、熔点、热膨胀系数、导热性、导电性和磁性等。

金属材料的化学性能是指在常温或高温环境下抵抗各种化学作用的能力，如在高温环境下的抗氧化性和在酸或碱环境下的耐腐蚀性等。

## 二、金属材料的工艺性能

金属材料的工艺性能包括铸造性能、压力加工性能、焊接性能和热处理性能。

### 1. 铸造性能及压力加工性能

铸造性能是指金属材料在铸造成型时获得优质铸件的能力。铸造性能主要取决于金属材料的流动性和收缩性。

压力加工性能是指金属材料承受压力加工的能力。压力加工性能主要取决于金属材料的塑性和变形抗力。

### 2. 焊接性能和热处理性能

焊接性能是指金属材料在一定的焊接工艺条件下获得优质焊缝的难易程度。热处理性能是指金属材料承受热处理并获得良好性能的能力。

## 三、金属材料的切削性能

切削性能指金属材料在接受切削加工时的难易程度。

### 1. 评价指标

金属材料的切削性能比较复杂，通常用切削时的切削力、刀具寿命、切削后的表面粗糙度及断屑情况四个指标来综合评定。如果一种材料在切削时的切削力小、刀具寿命长、表面粗糙度值低、断屑性好，则表明该材料的切削性能好。

另外，也可以根据材料的硬度和韧性做大致的判断。硬度为 170 ~ 230HBW，并有足够脆性的金属材料，其切削性能良好；硬度和韧性过低或过高，切削性能均不理想。因此，有色金属比黑色金属的切削性能好，铸铁比钢的切削性能好，中碳钢又比低碳钢的切削性能好。

### 2. 影响因素

影响金属材料切削性能的因素很多，主要有化学成分、金相组织、物理性能和力学性能等。

能改善切削性能的化学元素有硫（S）、磷（P）、铅（Pb）、钙（Ca）等。

硫是目前广泛使用的易切削添加剂，硫能与钢中的锰（Mn）形成 MnS，而 MnS 很脆并有润滑作用，使切屑容易碎断，从而提高了切削性能。磷（P）有强烈的固溶强化和冷作硬化的作用，使钢的强度、硬度增加，但同时使钢的塑性及韧性明显下降，增加钢的冷脆性。因此，在优质钢中要严格控制磷的含量，但磷可改善钢的切削性能。

对切削加工有害的夹杂物主要包括：合金渗碳体，如 $(Fe, W)_3C$；合金碳化物，如 $Cr_7C_3$、WC、VC；氧化物，如 $Al_2O_3$、$SiO_2$；氮化物及金属化合物。这些夹杂物均不同程度地提高了材料的硬度、强度、韧性以及高温强度和硬度，使材料的切削性能显著下降。

## 学习单元 2　钢的性能和用途

### 学习目标

➢掌握碳素钢的性能和用途。

➢熟悉常用合金结构钢的性能和用途。

➢掌握常用合金工具钢的性能和用途。

➢掌握特殊性能钢的用途。

### 知识要求

### 一、钢的分类

钢是含碳量①小于 2.11% 的铁碳合金，是制造业中应用最广泛的金属材料。钢的种类繁多，分类方法也很多，通常以钢的质量和用途为基础进行综合分类，主要分成碳素钢和合金钢两大类，如图 1—7 所示。

### 二、碳素钢的性能和用途

**1. 普通碳素结构钢**

普通碳素结构钢的杂质含量较多，钢的质量较差，一般用于制造力学性能要求不高的

① 本书中金属材料中的含碳量及各种合金元素的含量均为质量分数。

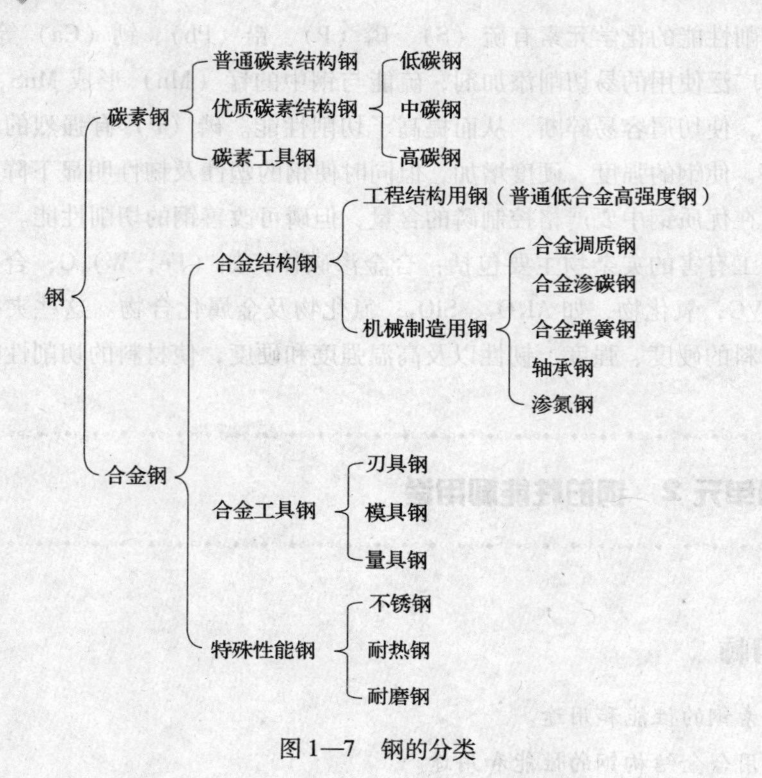

图 1—7　钢的分类

零件，如螺母、销、垫圈、铆钉等，其钢的牌号为 Q195、Q215 等，其中 Q 代表钢的屈服强度，后面的 195、215 代表屈服强度值（单位为 MPa）。

**2. 优质碳素结构钢**

优质碳素结构钢的有害杂质硫、磷的含量比较少，钢的质量好，一般用来制造力学性能要求较高的零件。按含碳量不同，它可分为低碳钢、中碳钢和高碳钢三种。

（1）低碳钢。其含碳量一般小于 0.25%，强度低，塑性、韧性较好，容易冲压。因此，常用于制造各种板材，可制造各种冲压零件与容器。常用的低碳钢牌号有 08、10、15、20 和 25 等，牌号中的数字表示钢中平均含碳量的万分数。

（2）中碳钢。其含碳量一般为 0.25% ~0.6%，具有较高的强度，但塑性和韧性较差。中碳钢可通过调质处理来提高强度和韧性，用来制造轴、杆件、套筒、螺栓和螺母等。如调质之后再经过表面淬火，则可使表面硬而耐磨，可用来制造各种耐磨件，如齿轮、花键轴等。这类钢又称调质钢。常用中碳钢的牌号有 30、40、45 和 50 等。

（3）高碳钢。其含碳量一般大于 0.6%，这种钢的硬度和强度高，但塑性和韧性差。如经过淬火并中温回火后，不但具有较高的硬度，而且具有良好的弹性。因此，可以用来制造对性能要求不高的弹簧，常用牌号有 65、70 等。

**3. 碳素工具钢**

碳素工具钢中硫、磷的含量较少，所以钢的质量较好，具有较高的硬度、耐磨性和足够的韧性，一般用来制造各种工具、模具、量具、低速切削刀具。常用碳素工具钢的牌号用“碳”的拼音首字母 T + 含碳量的千分数来表示，主要分为优质钢 T7、T8、…、T13 和高级优质钢 T7A、T8A、…、T13A（A 表示高级）两大类。

## 三、合金钢的性能和用途

**1. 合金结构钢**

合金结构钢是在优质碳素结构钢的基础上，适当加入一种或数种合金元素（合金元素总量不超过 5%）而制成的钢种。合金元素主要用来提高钢的淬透性，通过适当的热处理可以使钢获得较高的强度和韧性。合金结构钢主要分类如下：

（1）低合金高强度结构钢。含有锰、钒、铌、钛等少量合金元素，用于工程和一般结构。其“高强度”是由于元素锰的固溶强化作用以及钒、铌、钛等的细化晶粒作用，使钢具有很高的强度。常用牌号有 Q295、Q345 等。

（2）合金渗碳钢。为使零件表面具有高的硬度和耐磨性，而心部又保持足够的强度和韧性，常采用低碳合金钢渗碳后进行淬火和低温回火，这类钢称为合金渗碳钢。其含碳量一般为 0.10% ~0.25%，主加元素为铬和锰，它们可以强化铁素体，提高钢的淬透性。常用牌号有 20Cr、20CrMnTi、20Cr2Ni4A 等。

（3）合金调质钢。为使零件获得良好的综合力学性能，常选用含碳量为 0.25% ~0.5% 的合金钢，经调质后获得均匀的索氏体组织而具有良好的综合力学性能，这类钢称为合金调质钢，常用牌号有 40Cr、30CrMnSi、40CrNiMoA，多用于制造承受较大载荷的轴、连杆、紧固件等。

（4）合金弹簧钢。合金弹簧钢的含碳量为 0.50% ~0.70%。合金弹簧钢加入的主要合金元素为锰、硅、铬、钒。它们在提高淬透性的同时，使热处理后有较高的屈服强度。重要的弹簧钢中既有铬，又有钒，以进一步提高淬透性，细化晶粒，经热处理后有较高的耐冲击、耐高温性能。常用牌号有 65Mn、50CrVA 等。

（5）轴承钢。轴承钢是专门用来制造各种滚动轴承的内圈、外圈、滚动体的钢材。轴承钢的含碳量为 0.95% ~1.10%，以保证具有高的硬度和耐磨性。铬（Cr）是轴承钢中最基本的合金元素，它可以提高钢的淬透性和耐腐蚀性，含铬的渗碳体还可以提高钢的耐磨性和接触疲劳强度。常用牌号有 GCr15、GCr15SiMn 等，轴承零件的最终热处理为淬火 + 低温回火，其硬度为 60 ~66HRC。

（6）渗氮钢（氮化钢）。渗氮钢的典型钢种为 38CrMoAl。用氮化钢制作的零件，经氮化处理后，能获得极高的表面硬度、良好的耐磨性、高的疲劳强度、较低的缺口敏感性、一定的耐腐蚀能力、高的热稳定性，无回火脆性，切削加工性能中等，工作温度可达500℃，但冷变形时塑性差，焊接性差，淬透性低。氮化钢一般在调质及渗氮后使用，用于制造气缸套、精密机床主轴等。

**2. 合金工具钢**

（1）常用合金工具钢。与碳素工具钢相比，合金工具钢具有更高的热硬性和耐磨性，常用牌号有9SiCr、Cr12、Cr12MoV、CrWMn等，用于制造各类丝锥、铰刀、冲模等。

（2）高速工具钢。高速工具钢是一种高碳高合金工具钢，由于它具有较高的热硬性，当切削温度高达500～600℃时硬度仍不降低，能以比低合金工具钢更高的切削速度进行切削，因而被称为高速工具钢。高速工具钢又称为“锋钢”。

高速工具钢主要用于制造切削速度高、耐磨性能好的切削刀具，也可用于制造冷作模具、高温弹簧、高温轴承等，常用牌号有W18Cr4V、W6Mo5Cr4V2等。

**3. 特殊性能钢**

特殊性能钢是指不锈钢、耐热钢、耐磨钢等一些具有特殊化学性能和物理性能的钢。

（1）不锈钢。不锈钢是指在大气和酸、碱、盐等腐蚀性介质中呈现钝态，耐腐蚀而不生锈的高铬（含铬量一般为12%～30%）合金钢。不锈钢常按组织状态分为马氏体不锈钢、铁素体不锈钢、奥氏体不锈钢。

马氏体不锈钢强度高，但塑性和可焊性较差。常用牌号有1Cr13、3Cr13等，用于制造力学性能要求较高、耐腐蚀性要求一般的零件，如医疗器具和刃具等。

奥氏体不锈钢含铬量大于18%，还含有8%左右的镍及少量钼、钛、氮等元素。综合性能好，可耐多种介质腐蚀。奥氏体不锈钢的常用牌号有1Cr18Ni9、0Cr19Ni9等。

铁素体不锈钢含铬量为12%～30%。其耐腐蚀性、韧性和可焊性随含铬量的增加而提高，耐氯化物应力腐蚀性能优于其他种类的不锈钢。但力学性能与工艺性能较差，多用于受力不大的耐酸结构或作为抗氧化钢使用。属于这一类不锈钢的常用牌号有Cr17、Cr17Mo2Ti、Cr25等。

（2）耐热钢。耐热钢是指在高温下具有高抗氧化性和高强度的钢。耐热钢常用于制造锅炉、汽轮机、动力机械、工业炉以及航空和石油化工等工业部门中在高温下工作的零部件。

（3）耐磨钢。耐磨钢通常指的是高锰钢，其耐磨性必须在大冲击下才能表现出来。耐磨钢常用于制造经常承受外来压力和冲击的零件，如挖掘机铲齿、坦克履带等。机械加工较困难，一般铸造成型。

## 学习单元3 铸铁的性能和用途

### 学习目标

➢掌握灰铸铁的性能和用途。

➢掌握可锻铸铁的性能和用途。

➢掌握球墨铸铁的性能和用途。

### 知识要求

铸铁是含碳量在2.11%以上的铁碳合金。工业用铸铁含碳量一般为2% ~4%。碳在铸铁中多以石墨形态存在，有时也以渗碳体形态存在。除碳外，铸铁中还含有1% ~3%的硅，以及锰、磷、硫等元素。碳、硅是影响铸铁显微组织和性能的主要元素。与钢相比，铸铁的成本低，铸造性能良好，其各种性能之间有良好的配合，具有一定的强度和抗振性，但铸铁缺乏塑性变形能力，焊接性差。

#### 一、灰铸铁的性能和用途

灰铸铁含碳量较高（2.7% ~4.0%），碳主要以片状石墨形态存在，断口呈暗灰色。熔点低（1 145 ~1 250℃），凝固时收缩量小，抗压强度和硬度接近碳素钢，减振性好。

灰铸铁的铸造性能、切削加工性能、耐磨性能和吸振性能等都优于其他铸铁。因此，灰铸铁主要用来制造承受压力的零件，如机床床身、气缸、箱体等结构件。

灰铸铁的热处理主要有去应力退火、降低硬度以改善切削加工性能的热处理（退火）和提高硬度的热处理（正火和淬火）。灰铸铁牌号有HT100、HT250等，其中HT为“灰铁”的拼音首字母，后面的数字表示最低抗拉强度（MPa）。

#### 二、可锻铸铁的性能和用途

**1. 铁素体可锻铸铁**

铁素体可锻铸铁中的石墨呈团絮状分布，断口呈灰黑色。其组织均匀，耐磨损，有良好的塑性和韧性，用于制造形状复杂、能承受较高冲击载荷的零件。

铁素体可锻铸铁具有一定的强度、较高的塑性和韧性以及较低的硬度，且比钢的铸造性能好，可部分替代低碳钢和有色金属。铁素体可锻铸铁牌号有 KTH300－06、KTH350－10 等，其中 KTH 为简称“可铁黑”的拼音首字母，后面的数字表示最低抗拉强度（MPa）和最低伸长率（%）。

**2. 珠光体可锻铸铁**

珠光体可锻铸铁的断面外缘有脱碳的表皮层，呈灰白色；心部组织为珠光体＋团絮状石墨。珠光体可锻铸铁的强度和耐磨性比铁素体可锻铸铁高，可部分替代中碳钢制造强度和耐磨性要求较高的零件。珠光体可锻铸铁牌号有 KTZ450－06、KTZ650－02 等，其中 KTZ 为简称“可铁珠”的拼音首字母，后面的数字表示最低抗拉强度（MPa）和最低伸长率（%）。

## 三、球墨铸铁的性能和用途

球墨铸铁是将灰铸铁液经球化处理后获得的，析出的石墨呈球状，简称球铁。由于球墨铸铁中硅和锰的含量高，所以基体的硬度和强度均优于相应成分的碳素钢，尤其突出的是，它的屈服强度高，屈强比是钢的 2 倍（钢为 0.3～0.5，球墨铸铁高达 0.7～0.8）。

球墨铸铁通过合金化和各种热处理，可代替铸钢、锻造合金钢、可锻铸铁和有色合金制造一些受力复杂和强度、韧性、耐磨性要求高的零件，如用于制造内燃机、汽车零部件及农机具等。球墨铸铁的牌号有 QT400－17、QT600－02 等，其中 QT 为“球铁”的拼音首字母，后面的数字表示最低抗拉强度（MPa）和最低伸长率（%）。

## 四、蠕墨铸铁

蠕墨铸铁是将灰铸铁铁液经蠕化处理后获得的，析出的石墨呈蠕虫状。蠕墨铸铁的力学性能与球墨铸铁相近，铸造性能介于灰铸铁与球墨铸铁之间，可用于制造汽车的零部件。蠕墨铸铁牌号有 RuT420、RuT300 等，其中 RuT 为“蠕铁”的拼音首字母，后面的数字表示最低抗拉强度（MPa）。

# 学习单元 4　常用有色金属及工程塑料的性能和用途

### 学习目标

➢掌握纯铝和铝合金的性能。

➢掌握纯铜和黄铜的性能。

➢熟悉常用工程塑料的性能。

## 知识要求

### 一、铝和铝合金的性能及用途

在金属材料中，铝和铝合金的应用位于有色金属之首，仅次于钢铁。

**1. 纯铝**

纯铝是银白色的轻金属，密度小，熔点低，导电性和导热性好，具有良好的耐腐蚀性。纯铝的塑性好，可用来制作一些要求不锈耐蚀的日用器皿。

**2. 铝合金**

由于纯铝强度太低，不宜制作结构零件。为此加入适量的合金元素得到铝合金，以提高其力学性能。铝合金的切削加工性能好，但在切削时易变形。

铝合金分为变形铝合金和铸造铝合金两大类。

常用变形铝合金有硬铝合金和防锈铝合金等。其中应用最广泛的是硬铝合金，它的强度和硬度较高，在退火及淬火状态下塑性好，但耐腐蚀性较差，可用来轧制各种薄板、管材等；防锈铝合金不能进行热处理强化，强度低，常用于制作各类低压油罐、容器等。

铸造铝合金具有良好的铸造性能，强度明显高于防锈铝合金，适宜铸造形状复杂的铸件。铸造铝合金的种类较多，可分为铝硅、铝铜、铝镁等，其中应用最广泛的是铝硅。

### 二、铜和铜合金的性能及用途

铜和铜合金是我国历史上使用最早、用途较广泛的一类有色金属。

**1. 纯铜**

纯铜又称紫铜。纯铜具有很好的导电性和导热性，被广泛用作导电材料和散热材料。按照铜中杂质含量不同，可把工业纯铜分为 T1、T2、T3，编号越大，纯度越低。其中，T1、T2 用来制造高级铜合金，T3 主要用来制造普通铜合金。

**2. 铜合金**

工业上使用的铜合金按照成分不同可分为黄铜、青铜和白铜三大类。常用的是黄铜和青铜。青铜比较脆，切削时与铸铁相似。黄铜比较软，略有韧性，切削时与低碳钢类似。

黄铜中的合金元素是锌，可分为普通黄铜和特殊黄铜。

普通黄铜具有良好的力学性能、耐腐蚀性能和加工性能，而且价格也比纯铜便宜，常用于制造弹簧、垫片、螺钉等零件。特殊黄铜是在普通黄铜中加入多种元素，以改善黄铜的各种性能。

特殊黄铜可分为压力加工用黄铜和铸造用黄铜两种。其中，压力加工用黄铜塑性较好，具有较强的变形能力；铸造用黄铜具有良好的综合力学性能，常用来制造强度较高和化学性能稳定的零件。

## 三、工程塑料的性能及用途

丙烯腈－丁二烯－苯乙烯共聚物（又称 ABS）是一种通用型热塑性聚合物。ABS 刚度高、冲击强度高，耐热、耐低温，耐化学药品性和电气性能优良，易加工，加工尺寸稳定性和表面光泽好，容易涂装、着色，还可以进行喷涂金属、电镀、焊接和粘接等二次加工。由于 ABS 具有其三种组分的特点，使其具有优良的综合性能，成为电气元件、家电、计算机和仪器、仪表首选的塑料之一。

ABS 工程塑料即 PC + ABS（工程塑料合金），这种材料既具有 PC 树脂的优良耐热、耐候性，尺寸稳定性和耐冲击性能，又具有 ABS 树脂优良的加工流动性，常用于制造薄壁及复杂形状制品。

ABS 工程塑料一般是不透明的，呈浅象牙色，无毒、无味，兼有韧、硬、刚的特性。ABS 工程塑料最大的缺点就是密度大、导热性能欠佳。其成型温度为 240～265℃，温度太高 ABS 会分解，太低 PC 的流动性不良。

# 学习单元 5 钢的热处理

### 学习目标

➢掌握热处理的定义。

➢掌握退火、正火、淬火、回火、调质处理和时效处理的定义与作用。

➢掌握表面热处理的定义与作用。

### 知识要求

## 一、热处理的基本认识

### 1. 热处理的定义

钢的热处理是在固态下将钢加热到一定温度，经过必要的保温后，以适当的速度冷却到室温，以改变钢的内部组织，进而改变钢的性能的一种工艺方法，如图 1—8 所示。常温下，冷却方式最快的是盐水冷却，冷却方式最慢的是空气冷却。

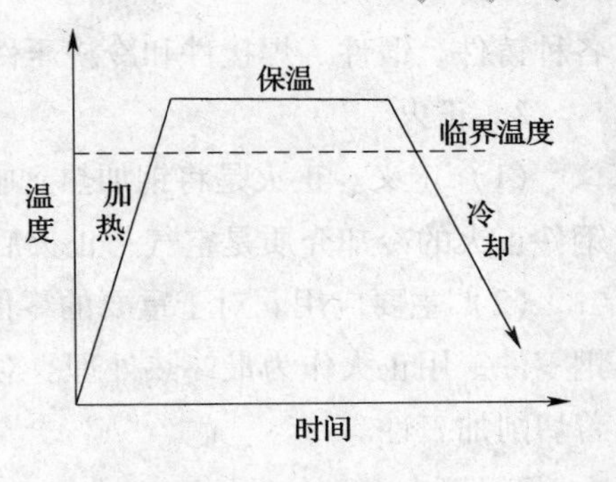


图 1—8　热处理的三个阶段

**2. 热处理的分类**

钢的热处理可分为整体热处理和表面热处理两大类，如图 1—9 所示。

## 二、整体热处理

**1. 退火**

(1) 定义。退火是将钢加热到一定温度，经过保温并缓慢冷却到室温的一种热处理工艺。退火的作用主要是消除材料内部应力，改善切削性能。

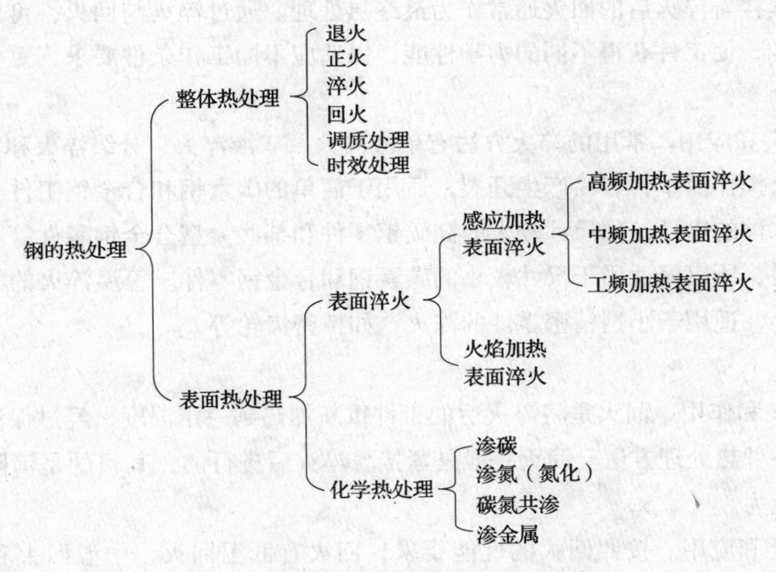


图 1—9　热处理的分类

(2) 分类和应用。根据钢的成分和热处理的目的不同，退火可分为完全退火、球化退火和去应力退火等。

完全退火可以细化晶粒、均匀组织、降低硬度、消除内应力、改善切削加工性，其适用范围是中、低碳合金钢的铸件或锻件。

球化退火可以提高塑性，以减少以后淬火后的变形和开裂，其适用范围是含碳量大于 0.8% 的碳素钢和合金工具钢。

去应力退火的主要目的是消除残余内应力，防止以后加工时产生变形，其适用范围是各种铸件、锻件、焊接件和冷挤压件。

**2. 正火**

（1）定义。正火是将钢加热到临界温度以上，保温并空冷到室温的一种热处理工艺。钢件正火的冷却介质是空气，正火后钢件的强度和硬度均比退火后钢件高。

（2）主要应用。对于重要的零件，往往用正火作为预先热处理；对于要求不高的结构钢零件，用正火作为最终热处理。对于低碳钢或低碳合金钢，正火的目的是提高硬度，改善切削加工性。

**3. 淬火**

（1）定义和作用。淬火是将钢加热到淬火温度，保温一段时间，然后放在水、盐水或油中快速冷却到室温的一种热处理工艺。淬火是钢件强化最重要的热处理方法，也是应用最广泛的热处理工艺之一。

淬火和紧接着淬火后的回火通常作为最终热处理。通过淬火与回火，可以改变钢材内部的组织结构，使工件获得不同的力学性能，以适应不同工作条件要求，更好地发挥材料性能的潜力。

（2）分类和应用。常用的淬火方法有单液淬火、双液淬火、分级淬火和等温淬火。

单液淬火操作简单，容易产生开裂，适用于简单的碳素钢和合金钢工件。双液淬火主要用于必须水淬的钢件，如尺寸较大的高碳钢零件和某些大型合金钢零件等。分级淬火的冷却速度很慢，所以只适用于尺寸较小的碳素钢和合金钢零件。等温淬火的零件内应力和变形量均较小，适用于小型精密零件的淬火，如精密齿轮等。

**4. 回火**

（1）定义和作用。回火是将淬火后的工件重新加热到一定温度，经过保温，再用一定方法冷却的一种热处理方法。回火一般是紧接着淬火后进行的，其目的是消除钢件因淬火而产生的内应力。

（2）分类和应用。按照回火的性能要求，回火有低温回火、中温回火和高温回火三种。

低温回火一般用于刀具、模具、量具、滚动轴承和渗碳零件，可保持淬火钢的高强度和耐磨性；中温回火主要用于各类弹簧、模具及冲击工具等，以使钢获得较高的弹性、一定的韧性和硬度；高温回火主要用于高强度、高韧性的重要结构零件，如主轴、曲轴、凸轮、齿轮等，以使钢件获得较好的综合力学性能，即较高的强度和硬度、较好的塑性和韧性。

**5. 调质处理**

（1）定义和作用。通常把淬火 + 高温回火的热处理称为调质处理。调质可以使钢的性能、材质得到很大程度的调整，调质后强度、塑性和韧性都较好，具有良好的综合力学性能。

（2）主要应用。调质钢有碳素调质钢和合金调质钢两大类，不管是碳钢还是合金钢，其含碳量控制比较严格。如含碳量过高，调质后工件的强度虽高，但韧性不够；如含碳量过低，韧性提高而强度不足。为使调质件得到好的综合性能，一般含碳量控制在 0.30% ~ 0.50%，因此，中碳钢或低合金钢调质处理后能有效提高强度和韧性。对力学性能要求高的结构零部件都要进行调质处理，如主轴、齿轮、连杆等，调质一般是在粗加工之后进行的。而一般冲击工具不适合采用调质处理。

**6. 时效处理**

为了消除精密量具或模具、零件在长期使用中尺寸、形状发生的变化，常在低温回火后精加工前，把工件重新加热到 100 ~ 150℃，保持 5 ~ 20 h，这种为稳定精密制件质量的处理称为时效处理。

对在低温或动载荷条件下工作的钢材构件进行时效处理，以消除残余应力，稳定组织和尺寸，尤为重要。

## 三、表面热处理

**1. 定义和作用**

表面热处理是对工件表面进行强化的金属热处理工艺。它不改变零件心部的组织和性能，广泛用于既要求表层具有高的耐磨性、疲劳强度和较大的冲击载荷，又要求整体具有良好的塑性和韧性的零件，如曲轴、凸轮轴、传动齿轮等。

**2. 分类和应用**

表面热处理分为表面淬火和化学热处理两大类。

（1）表面淬火。表面淬火是通过不同的热源对工件进行快速加热，当零件表层温度达到临界温度以上（此时工件心部温度处于临界温度以下）时迅速予以冷却，这样工件表层得到了淬硬组织而心部仍保持原来的组织。

为了达到只加热工件表层的目的，要求所用热源具有较高的能量密度。根据加热方法不同，表面淬火可分为感应加热（高频、中频、工频）表面淬火、火焰加热表面淬火、电接触加热表面淬火、电解液加热表面淬火、激光加热表面淬火、电子束表面淬火等。工业上应用最多的是感应加热表面淬火和火焰加热表面淬火。

（2）化学热处理。化学热处理是将工件置于含有活性元素的介质中加热和保温，使介质中的活性原子渗入工件表层或形成某种化合物的覆盖层，以改变表层的组织和化学成分，从而使零件的表面具有特殊的力学性能或物理性能、化学性能。

通常在进行化学热处理的前后均需采用其他合适的热处理方法，以便最大限度地发挥渗层的潜力，并达到工件心部与表层在组织结构、性能等方面的最佳配合。根据渗入元素的不同，化学热处理可分为渗碳、渗氮、碳氮共渗、渗金属等。

1）渗碳。渗碳是指使碳原子渗入钢表面层的过程。也就是使低碳钢工件具有高碳钢的表面层，再经过淬火和低温回火，使工件的表面层具有高硬度和耐磨性，而工件心部仍保持低碳钢的韧性和塑性。渗碳件比渗氮件脆性低。

2）渗氮。渗氮是指使氮原子渗入钢表面层的过程。其目的是提高零件表层的强度和耐磨性，以及提高疲劳强度和耐腐蚀性等。

渗氮后零件表面硬度比渗碳还高，耐磨性能很好，同时，渗层一般处于压应力下，疲劳强度高，但脆性较大。渗氮后零件变形很小，通常不需再加工，也不必再热处理强化。渗氮适用于要求精度高、冲击载荷小、抗磨损的零件，如一些精密齿轮等。

3）碳氮共渗。碳氮共渗是指同时渗入碳、氮两种元素的化学热处理工艺，又称氰化处理。其中气体氰化中的低温氰化（软氰化）已广泛应用于机械零件和工具、模具中。

4）渗金属。渗金属是指把金属原子渗入钢的表面层的过程。它使钢的表面层合金化，使工件表面具有某些合金钢、特殊钢的特性。

# 第4节　简单机械原理

## 学习单元1　基本机械传动

### 学习目标

➢掌握带传动的特点和应用。

➢掌握链传动的特点和应用。

➢掌握齿轮传动的特点和应用。

➢掌握渐开线齿轮的啮合特性。

➢掌握螺旋传动的特点和应用。

## 知识要求

### 一、带传动

**1. 带传动的组成和工作原理**

带传动是由柔性带和带轮组成的传递运动和（或）动力的机械传动，分为摩擦型带传动和啮合型带传动。带传动由主动轮、从动轮和传动带组成，如图 1—10 所示。

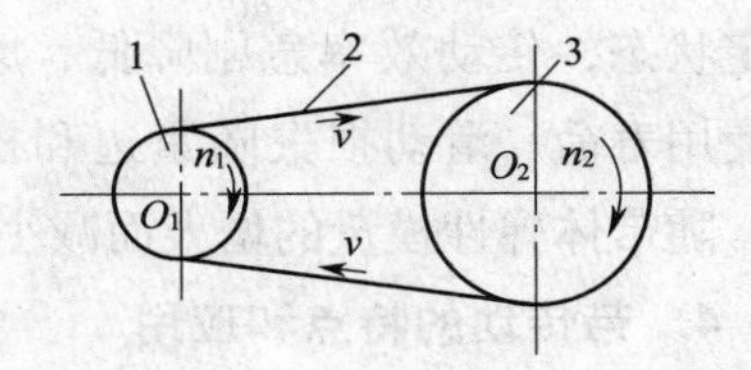


图 1—10　带传动的组成与工作原理

1—主动轮　2—传动带　3—从动轮

**2. 带传动的类型**

（1）带的形状。摩擦型传动带根据其截面形状的不同又分为平带、V 带和圆带等，啮合型传动带是带与带轮主要靠啮合进行传动的同步齿形带，如图 1—11 所示。

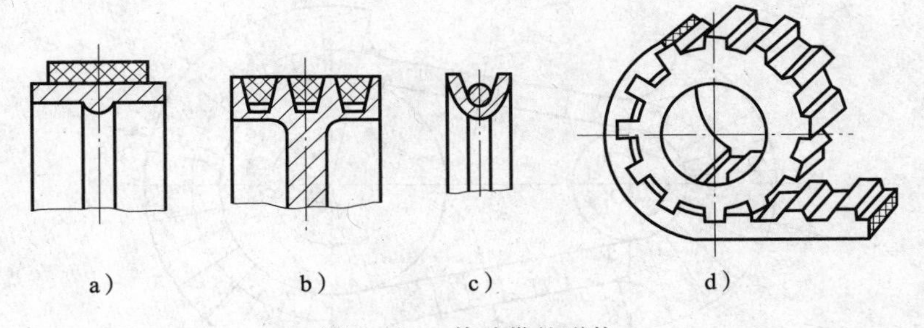


图 1—11　传动带的形状

a）平带　b）V 带　c）圆带　d）同步齿形带

（2）带的型号。在带传动中，以平带和 V 带使用最多，而在相同条件下，V 带的传动能力较大，约为平带的 3 倍。根据国家标准，V 带可分为 Y、Z、A、B、C、D、E 七种，其中 Y 型最小，E 型最大，A、B 型应用最多。标准 V 带都制成无接头的环状带，为提高传递动力的能力，通常几根带同时使用。

（3）带传动的形式。带传动的形式有开口式、交叉式及半交叉式三种，如图 1—12 所示。

**3. 带传动的工作过程分析**

（1）力和应力分析。带传动工作时所受的应力有由紧边和松边拉力产生的应力、由离心力产生的应力、带在带轮上弯曲产生的弯曲应力。V 带传动的最大工作应力位于小带轮运动的入口处，如图 1—13 所示为 V 带传动应力图。

（2）弹性滑动和打滑现象。摩擦型带传动工作时，由于带轮两边的拉力差及其相应的变形差形成弹性滑动，导致带与从动轮的速度损失。弹性滑动率通常为 1% ~ 2% 。严重滑动，特别是过载打滑，会使带的运动处于不稳定状态，传动效率急剧降低，磨损加剧，严重影响带的使用寿命。滑动损失随紧边和松边拉力差的增大而增大，随带体弹性模量的增大而减小。

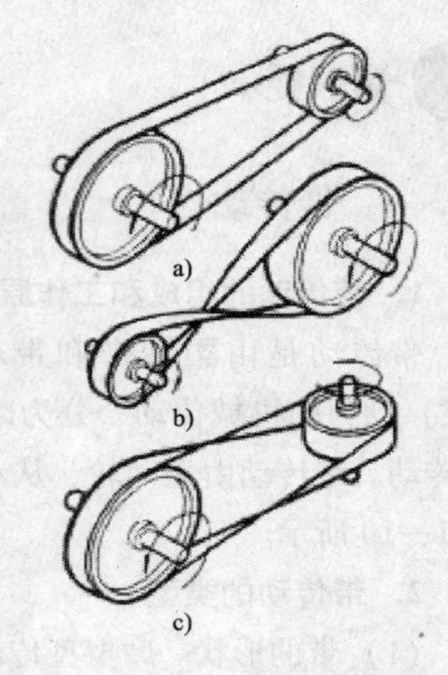


图 1—12　带传动的形式

a）开口式　b）交叉式　c）半交叉式

**4. 带传动的特点和应用**

（1）特点。带传动的优点：传动平稳，结构简单，成本低，使用及维护方便，有良好的挠性和弹性，过载打滑。带传动的缺点：传动比不准确，带使用寿命低，轴上载荷较大，传动装置外部尺寸大，传动效率低。但不属于摩擦型带传动的啮合型带传动可获得较为准确的传动比。

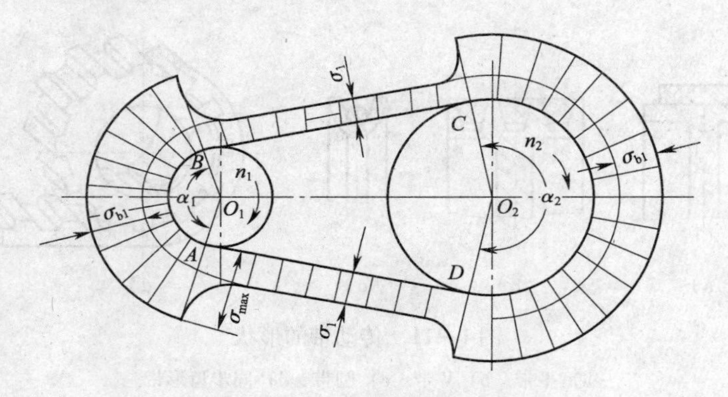


图 1—13　V 带传动应力图

（2）应用范围。带传动是一种应用广泛的机械传动方式。无论是精密机械，还是工程机械、矿山机械、化工机械、交通运输机械、农业机械等，带传动都得到了广泛的应用。

由于带传动的效率和承载能力较低，故不适用于大功率传动。平带传动功率小于 500 kW，V 带传动功率小于 700 kW。带传动常适用于大中心距、中小功率、带速 $V$ 为 5 ~ 25 m/s、传动比 $i \leqslant 7$ 的情况。

## 二、链传动

**1. 链传动的组成和工作原理**

链传动是利用链与链轮轮齿的啮合来传递动力和运动的机械传动。链传动由装在平行轴上的主动链轮、从动链轮和绕在链轮上的环形链条组成，如图 1—14 所示。

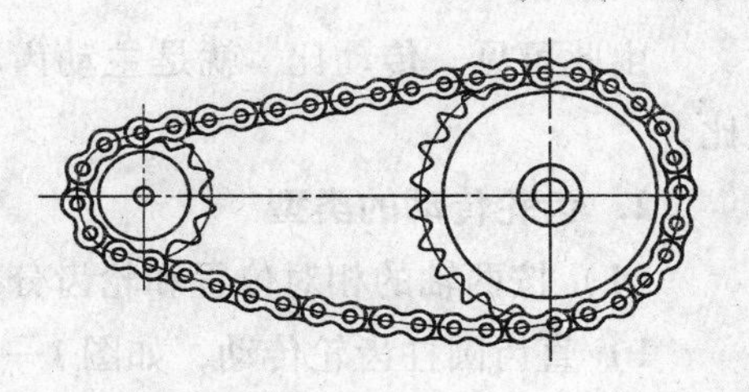

图 1—14　链传动的组成

**2. 链传动的类型**

按照用途不同，链可分为传动链、起重链和牵引链三大类。

（1）传动链。用于动力传动的传动链主要有套筒滚子链和齿形链两种。

（2）起重链。起重链主要用于起重机械中提起重物。

（3）牵引链。牵引链用于输送物料和人员。

**3. 链传动的特点和应用**

（1）特点

1）链传动的主要优点。与带传动相比，链传动没有弹性滑动和打滑，能保持准确的平均传动比，能在温度较高、有油污等恶劣条件下工作；与齿轮传动相比，工作环境要求不高；链传动的制造和安装精度要求较低；中心距较大且传动结构简单。

2）链传动的主要缺点。由于链节是刚性的，因而存在多边形效应（即运动不均匀性），这种运动特性使链传动的瞬时传动比发生变化并引起附加动载荷和振动。因此，传动平稳性较差，工作中振动、冲击和噪声大。

（2）应用范围。链传动广泛用于交通运输、农业、轻工、矿山、石油化工和机床工业等。链传动一般只能用于平行轴间传动，不宜用在急速反向的传动中。链传动多用在不宜采用带传动和齿轮传动，而两轴平行且距离较远，功率较大，平均传动比准确的场合。根据链传动的特点，其工作速度一般应小于 15 m/s，传动比一般不大于 8，链传动经常使用的功率范围应小于 100 kW。

## 三、齿轮传动

**1. 齿轮传动的组成和工作原理**

齿轮传动是指用主动轮、从动轮轮齿直接传递运动和动力的装置。在所有的机械传动中，齿轮传动应用最广泛，可用来传递相对位置不远的两轴之间的运动和动力。

齿轮传动是靠均布于圆周上的轮齿逐对接触来传递运动和动力的，所以称为啮合传动。一对啮合齿轮中，设主动齿轮的转速为 $n_1$，齿数为 $z_1$；从动齿轮的转速为 $n_2$，齿数为 $z_2$，其传动比为：

$$i = \frac{n_1}{n_2} = \frac{z_2}{z_1}$$

由此可见，传动比 $i$ 就是主动齿轮与从动齿轮转速（角速度）之比，与其齿数成反比。

**2. 齿轮传动的类型**

（1）按两轴的相对位置和轮齿分类

1）直齿圆柱齿轮传动，如图 1—15a、b、c 所示。

2）斜齿圆柱齿轮传动，如图 1—15d 所示。

3）人字齿轮传动，如图 1—15e 所示。

4）锥齿轮传动，如图 1—15f、g 所示。

5）交错轴斜齿轮传动，如图 1—15h 所示。

6）蜗轮蜗杆传动，如图 1—15i 所示。

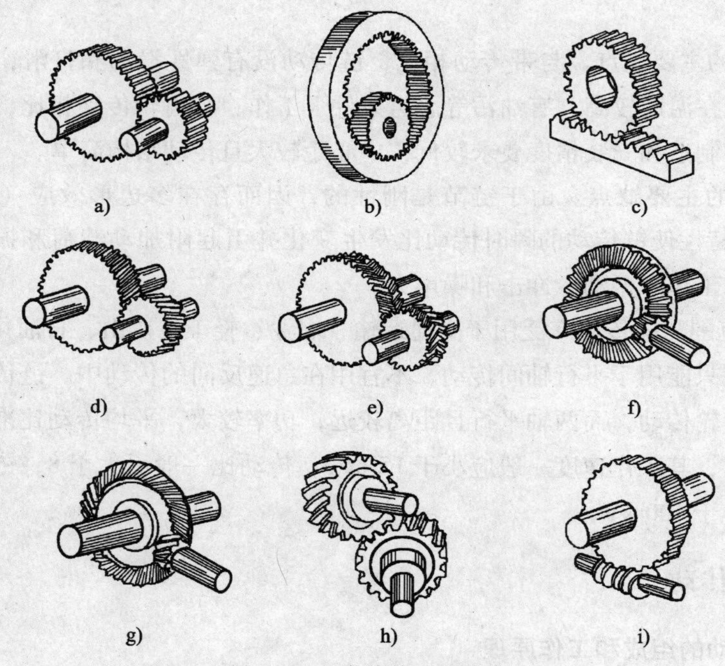

图 1—15　齿轮传动的分类

a）直齿圆柱齿轮外啮合　b）直齿圆柱齿轮内啮合　c）齿轮齿条　d）斜齿圆柱齿轮　e）人字齿轮　f）直齿锥齿轮　g）曲齿锥齿轮　h）交错轴斜齿轮　i）蜗轮蜗杆

（2）按工作条件分类

1）开式齿轮传动。齿轮暴露在外，不能保证良好的润滑。

2）半开式齿轮传动。齿轮浸入油池，有护罩，但不封闭。

3）闭式齿轮传动。齿轮、轴和轴承等都装在封闭箱体内，润滑条件良好，灰沙不易进入，安装精确。

**3. 渐开线齿轮的啮合特性**

渐开线是发生线在基圆上纯滚动，发生线上任一点的轨迹。如图 1—16b 所示的曲面 $AA'KK'$ 就是渐开线所形成的齿廓面，基圆的半径为 $r_b$。渐开线齿轮的轮齿由两条对称的渐开线作为齿廓而形成，如图 1—16a 所示，渐开线齿廓的形状取决于基圆半径的大小。

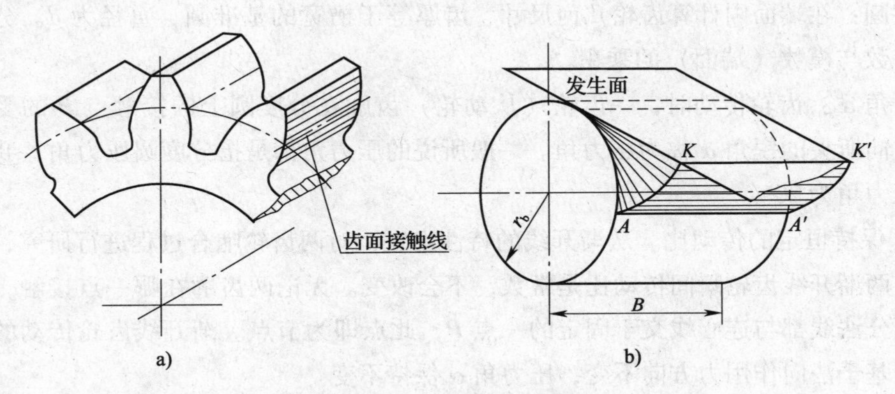


图 1—16　渐开线齿轮齿面

a）渐开线齿形　b）渐开线齿面的形成

（1）齿轮主要参数定义。如图 1—17 所示为一对渐开线齿轮的啮合原理图，有关参数定义如下：

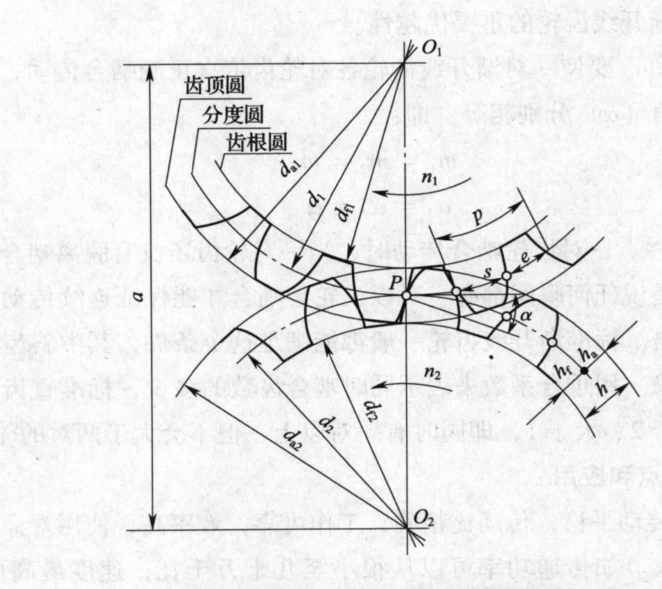


图 1—17　渐开线齿轮啮合原理图

齿顶圆：是指齿顶端所在的圆，直径为 $d_a$。

齿根圆：是指槽底所在的圆，直径为 $d_f$。

齿距 $p$：在分度圆上相应两齿廓对应点的弧长称为齿距，即齿厚 + 槽宽。

模数：是指分度圆齿距 $p$ 与圆周率（π）之比，单位为毫米（mm）。决定齿轮大小的两大要素是模数和齿数。

分度圆：在端面内计算齿轮几何尺寸、齿厚等于槽宽的基准圆，直径为 $d$。分度圆直径等于齿数与模数（端面）的乘积。

压力角 $\alpha$：齿轮传动时，一齿轮（从动轮）齿廓在分度圆上的接触点 $P$ 的受力方向与运动方向所夹的锐角 $\alpha$ 称为压力角。一般所说的压力角都是指分度圆压力角，我国采用的标准压力角为 20°。

（2）保持恒定的传动比。从渐开线的特性出发，对两齿轮啮合过程进行研究，可以得出结论：两渐开线齿轮瞬间传动比是常数，不会改变。无论两齿廓在哪一点接触，过接触点的齿廓公法线都与连心线交于固定的一点 $P$，此点即为节点。渐开线齿轮传动的平稳性好主要是基于法向作用力方向不变，压力角 $\alpha$ 保持不变。

（3）传动的可分离性。由于制造和安装误差，实际啮合的中心距与标准中心距往往并不一致。当中心距有误差时，齿轮的瞬时传动比是否会改变呢？从渐开线的特性出发，同样可以证明，这时的瞬时传动比也与基圆的半径成反比，基圆的半径不变，瞬时传动比同样不变。这个性质称为可分离性，即渐开线齿轮传动中心距略有变化时，齿轮的瞬时传动比仍恒定不变，这是渐开线齿轮的重要优越性。

（4）正确啮合条件。要使一对渐开线齿轮各对轮齿依次正确啮合传动，就必须使它们的模数（$m$）和压力角（$\alpha$）分别相等。即：

$$m_1 = m_2 = m$$

$$\alpha_1 = \alpha_2 = \alpha$$

（5）连续传动条件。一对齿轮啮合传动时，当一对轮齿还没有脱离啮合，后一对轮齿就已进入啮合，也就是说任何瞬间都有一对以上轮齿啮合才能保证连续传动，否则就会产生间歇运动或发生冲击。标准渐开线齿轮一般都能满足这个条件，其中斜齿轮啮合的轮齿对数更多，传动更平稳。用重合系数来表示同时啮合齿数的多少，标准直齿圆柱齿轮传动的最大重合系数略小于 2、大于 1，即同时有一对以上，但不会大于两对的轮齿啮合。

**4. 齿轮传动的特点和应用**

（1）特点。齿轮传动平稳，传动比精确，工作可靠，效率高，使用寿命长，使用的功率、速度和尺寸范围大。如传递功率可以从很小至几十万千瓦；速度最高可达 300 m/s；齿轮直径可以从几毫米至二十多米。齿轮传动最为突出的优点是能保证瞬时传动比恒定。

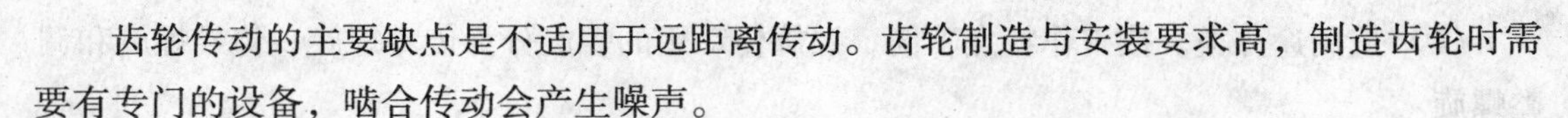


齿轮传动的主要缺点是不适用于远距离传动。齿轮制造与安装要求高，制造齿轮时需要有专门的设备，啮合传动会产生噪声。

（2）应用范围。在所有机械传动中应用最广泛的是齿轮传动。齿轮传动是近代机器中传递运动和动力的最主要的形式之一。在切削机床、工程机械、冶金机械以及人们常见的汽车、机械式钟表中都有齿轮传动，齿轮已成为许多机械设备中不可缺少的传动部件。

## 四、螺旋传动

### 1. 螺旋传动的组成和工作原理

螺旋传动是指利用螺杆和螺母的啮合来传递动力和运动的机械传动。主要用于将旋转运动转换成直线运动，将转矩转换成推力。

### 2. 螺旋传动的特点

螺旋传动与其他将回转运动转变成直线运动的传动装置相比，具有结构简单，工作连续、平稳，承载能力大，传动精度高等优点。普通螺旋传动的主要缺点是由于螺纹之间产生较大的相对滑动，因而磨损大，效率低。

### 3. 螺旋传动的类型与应用

（1）按相对运动关系分类。根据螺杆与螺母的相对运动关系，将螺旋传动常用的运动形式分成以下两种：

1）螺杆转动，螺母移动，如图1—18a所示，多用于机床进给机构中。

2）螺母固定，螺杆旋转并移动，如图1—18b、c所示，多用于螺旋压力机、千斤顶等。

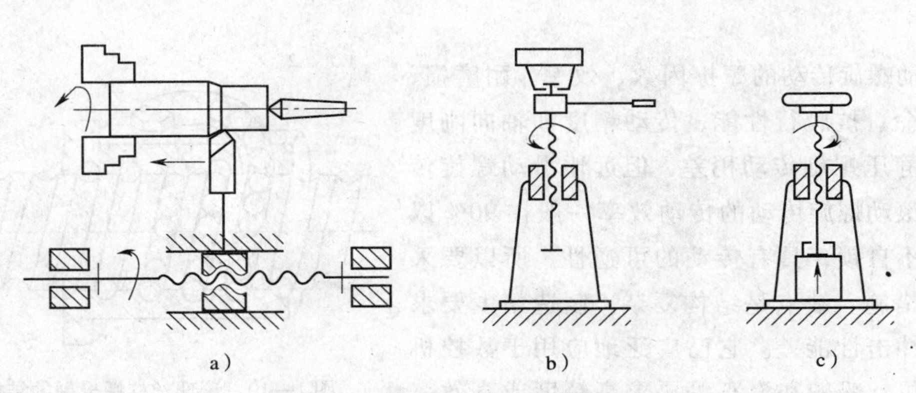


图1—18　螺旋传动的运动形式

a）车床进给机构　b）千斤顶机构　c）压力机机构

（2）按用途分类。按工作特点不同，螺旋传动用的螺旋分为传力螺旋、传导螺旋和调整螺旋。

1）传力螺旋。它以传递动力为主，用较小的转矩产生较大的轴向推力，一般为间歇工作，工作速度不高，而且通常要求自锁，如螺旋压力机和螺旋千斤顶上的螺旋等。

2）传导螺旋。它以传递运动为主，常要求具有高的运动精度，一般在较长时间内连续工作，工作速度也较高，如机床的进给螺旋（丝杠）等。

3）调整螺旋。它用于调整并固定零件或部件之间的相对位置，一般不经常转动，要求自锁，有时也要求很高的精度，如机器和精密仪表微调机构的螺旋等。

（3）按摩擦性质分类。按螺纹间的摩擦性质不同，螺旋传动可分为滑动螺旋传动和滚动螺旋传动。滑动螺旋传动又可分为普通滑动螺旋传动和静压螺旋传动。

1）普通滑动螺旋传动。通常所说的滑动螺旋传动就是普通滑动螺旋传动。滑动螺旋通常采用梯形螺纹和锯齿形螺纹，其中梯形螺纹应用最广泛，锯齿形螺纹用于单面受力的情况。矩形螺纹由于工艺性较差、强度较低等原因，应用很少。对于受力不大和精密机构的调整螺旋，有时也采用三角形螺纹。

2）静压螺旋传动。是指螺纹工作面间形成液体静压油膜润滑的螺旋传动。静压螺旋传动摩擦因数小，传动效率可达99%，无磨损和爬行现象，无反向空程，轴向刚度很高，不自锁，具有传动的可逆性，但螺母结构复杂，而且需要有一套压力稳定、温度恒定和过滤要求高的供油系统。静压螺旋常被用于高精度、高效率的重要传动，如精密机床进给和分度机构的传导螺旋。这种螺旋采用牙型较高的梯形螺纹。

3）滚动螺旋传动。是指用滚动体在螺纹工作面间实现滚动摩擦的螺旋传动，又称滚珠丝杠传动，滚动体通常为滚珠，也有用滚子的，如图1—19所示为滚珠丝杠螺母副的结构。

滚动螺旋传动的摩擦因数、效率、耐磨损、使用寿命、抗爬行性能、传动精度和轴向刚度等虽比静压螺旋传动稍差，但远比滑动螺旋传动好。滚动螺旋传动的传动效率一般在90%以上。它不自锁，具有传动的可逆性，所以要采取自锁措施。缺点是结构复杂，制造精度要求高，抗冲击性能差。它已广泛地应用于数控机床、飞机、船舶和汽车等要求高精度或高效率的场合。数控机床的进给传动一般使用滚动螺旋传动。

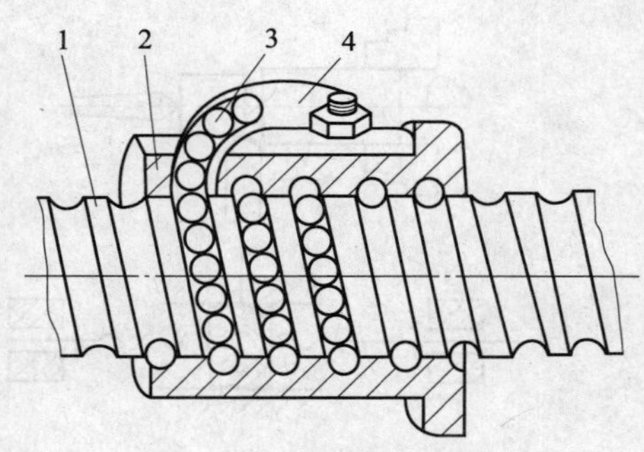


图1—19　滚珠丝杠螺母副的结构

1—丝杠　2—螺母

3—滚珠　4—滚珠返回装置

# 学习单元2　简单机械零件

## 学习目标

➢掌握螺纹连接的特点和应用。

➢掌握键连接的特点和应用。

➢掌握销连接的特点和应用。

➢掌握凸轮机构的特点和应用。

➢掌握轴的作用和结构工艺要求。

➢掌握轴承的作用、分类和应用。

## 知识要求

### 一、螺纹连接

#### 1. 螺纹连接的特点

螺纹连接是利用螺纹连接件构成的可拆卸的固定连接，具有结构简单、连接可靠、装拆方便等优点，应用广泛。

就螺纹连接的结构来说，有直接连接与间接连接两种。当采用螺纹直接连接时，被连接的部件本身带有外螺纹或内螺纹，被连接的部件互相靠螺纹连在一起，如最常见的螺口白炽灯等。当采用螺纹进行间接连接时，被连接的部件通过螺栓、螺母和垫圈等连接起来。

#### 2. 螺纹连接的类型及应用

（1）螺栓连接。螺栓连接被连接件的孔中不加工螺纹，是带螺母的螺纹连接。如图1—20a所示为普通螺栓连接，螺栓与孔之间有间隙，当被连接件不带螺纹时，可使用螺栓连接。由于加工简便，装拆方便，成本低，所以应用最广泛。如图1—20b所示为铰制孔用螺栓连接，被连接件上的孔用高精度铰刀加工而成，螺栓杆与孔之间一般采用过渡配合，主要用于需要螺栓承受横向载荷或需靠螺杆精确固定被连接件相对位置的场合。

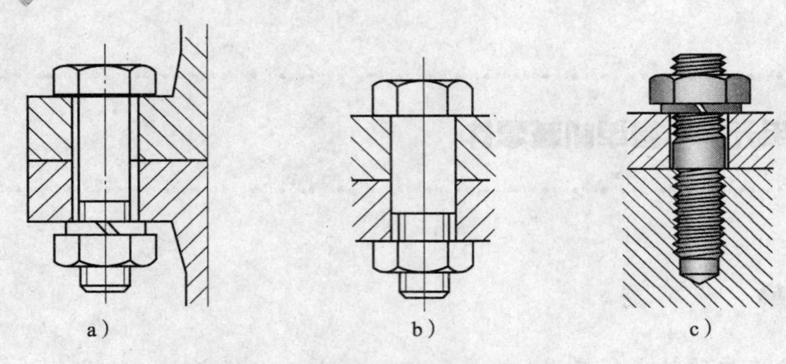


图 1—20　螺栓连接和螺柱连接

a）螺栓连接　b）铰制孔用螺栓连接　c）双头螺柱连接

（2）双头螺柱连接。使用两端均有螺纹的螺柱，一端旋入并紧定在较厚的被连接件的螺孔中，另一端穿过较薄的被连接件的通孔，如图 1—20c 所示。适用于被连接件较厚，要求结构紧凑和经常拆装的场合。

（3）螺钉连接。螺钉直接旋入被连接件的螺孔中，如图 1—21 所示为各类螺钉连接。螺钉连接结构较简单，适用于被连接件之一较厚，或另一端不能装螺母的场合。但经常拆装会使螺孔磨损，导致被连接件过早失效，所以不适用于经常拆装的场合。

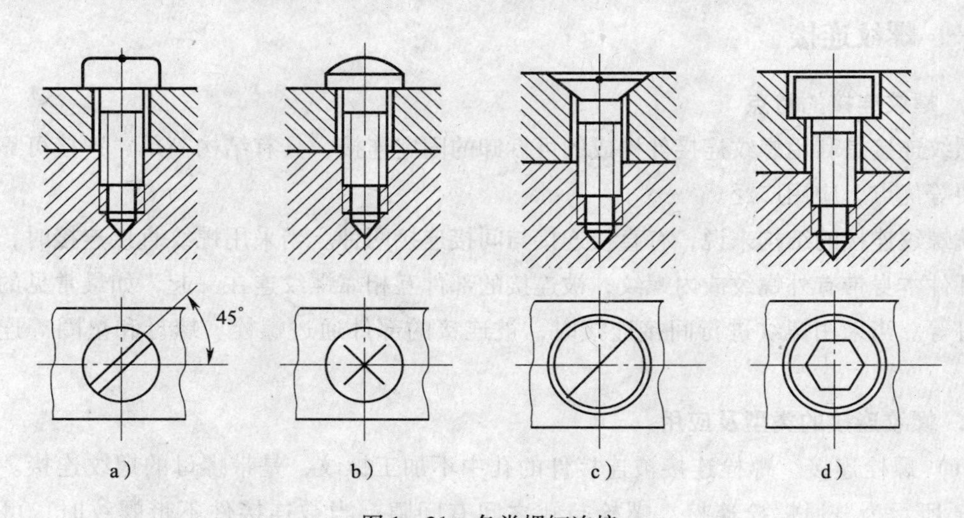


图 1—21　各类螺钉连接

a）一字槽螺钉　b）十字槽螺钉　c）沉头螺钉　d）内六角螺钉

紧定螺钉连接将紧定螺钉拧入一零件的螺孔中，其末端顶住另一零件的表面，如图 1—22a 所示，或顶入相应的凹坑中，如图 1—22b 所示。紧固螺钉连接常用于固定两个零件的相对位置，并可传递不大的力或转矩。

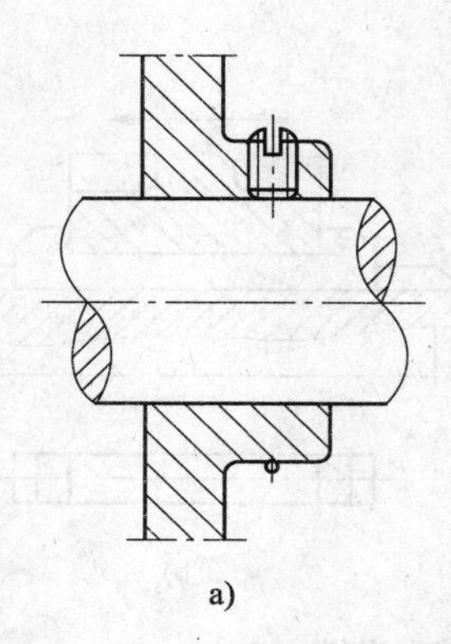


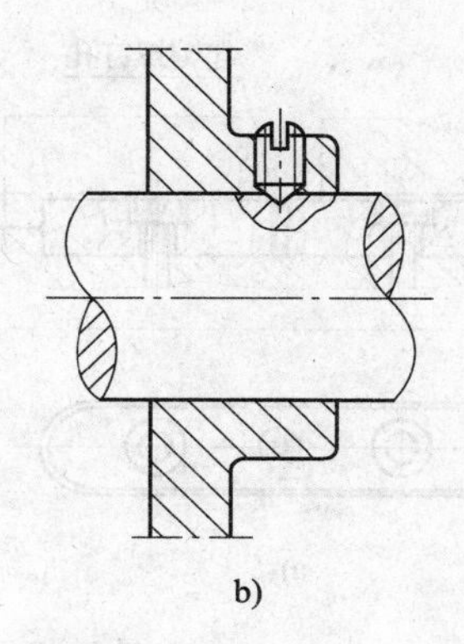


图 1—22　紧定螺钉连接

a）平底　b）尖头

## 二、键连接

**1. 键连接的特点**

键连接是通过键实现轴和轴上零件间的周向固定以传递运动和转矩。键连接装配中，键是用来连接轴上零件并对它们起周向固定作用，以达到传递转矩作用的一种机械零件。其结构简单，装拆方便，应用十分广泛。

**2. 键连接的类型及应用**

键连接可分为平键连接、半圆键连接和楔键连接。

（1）平键连接。平键按用途不同分为普通平键、导向平键和滑键。

平键的两侧面为工作面，平键连接是靠键和键槽侧面挤压传递转矩的，平键的宽度公差一般选 h9。键的上表面与轮毂槽底之间留有间隙，如图 1—23 所示。平键连接具有结构简单、装拆方便、对中性好等优点，因而应用广泛，常用于高精度、高速和动载荷的场合。

普通平键用于轮毂与轴间无相对滑动的静连接。按键的端部形状不同分为 A 型（圆头）、B 型（方头）、C 型（单圆头）三种。

导向平键和滑键均用于轮毂与轴间需要有相对滑动的动连接，如图 1—24 所示。导向平键用螺钉固定在轴上的键槽中，轮毂沿键的侧面做轴向滑动。滑键则是将键固定在轮毂上，随轮毂一起沿轴槽移动。导向平键用于轮毂沿轴向移动距离较小的场合，当轮毂的轴向移动距离较大时宜采用滑键连接。

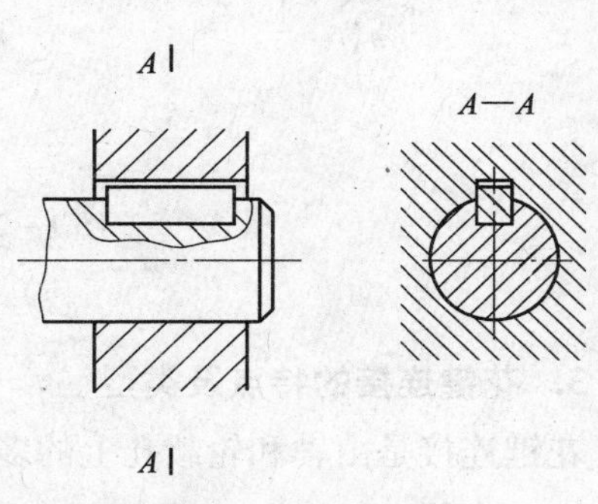


图 1—23　普通平键

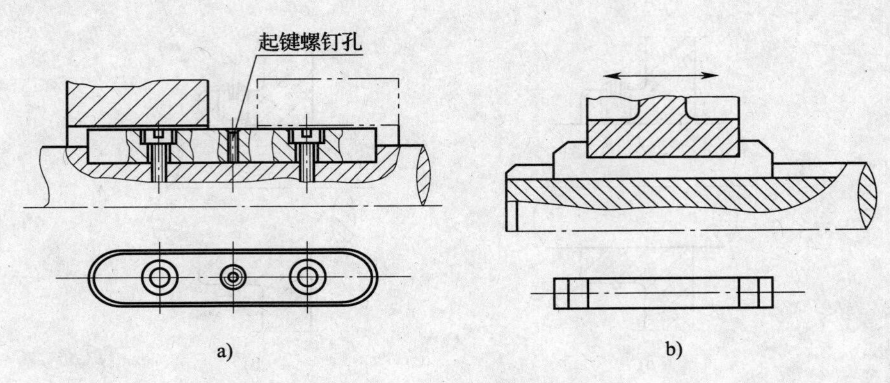


图 1—24　导向平键和滑键

a）导向平键　b）滑键

（2）半圆键连接。半圆键连接的工作原理与平键连接相同。轴上键槽用与半圆键半径相同的盘状铣刀铣出，因此，半圆键在槽中可绕其几何中心摆动，以适应轮毂槽底面的斜度，如图 1—25a 所示。半圆键连接结构简单，制造和装拆方便，但由于轴上键槽较深，对轴的强度削弱较大，故一般多用于轻载连接，尤其是锥形轴端与轮毂的连接中。

（3）楔键连接。楔键的上、下表面是工作面，键的上表面和轮毂键槽底面均具有1∶100的斜度。装配后，键楔紧于轴槽和轮毂槽之间。工作时，靠键、轴、毂之间的摩擦力及键受到的偏压来传递转矩，同时能承受单方向的轴向载荷，如图 1—25b 所示。

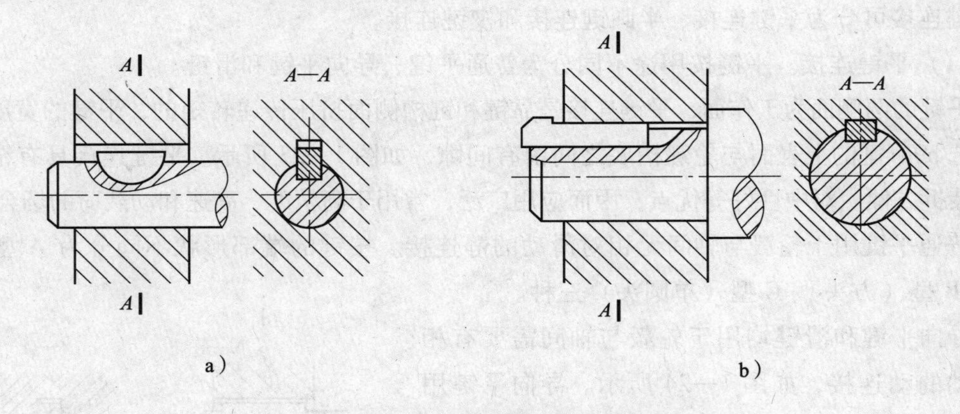


图 1—25　半圆键连接和楔键连接

a）半圆键连接　b）楔键连接

**3. 花键连接的特点及类型**

花键连接是由轴和轮毂孔上的多个键齿及键槽组成的，键齿侧面是工作面，靠键齿侧面的挤压来传递转矩。花键连接具有较高的承载能力，定心精度高，导向性能好，可实现静连接或动连接。因此，在飞机、汽车、拖拉机、机床和农业机械中得到广泛的应用。

花键连接已标准化，按齿形不同，分为矩形花键连接、渐开线花键连接两种。

（1）矩形花键连接。为适应不同载荷情况，矩形花键按齿高的不同，在标准中规定了轻系列和中系列两个尺寸系列。轻系列多用于轻载连接或静连接；中系列多用于中载连接。矩形花键连接的定心方式有大径定心和小径定心，如图 1—26a 所示为小径定心。此时轴、孔的花键定心面均可进行磨削，定心精度高。

（2）渐开线花键连接。渐开线花键的齿形为渐开线，其分度圆压力角规定了 30°和 45°两种，如图 1—26b 所示。渐开线花键可以用加工齿轮的方法来加工，工艺性较好，制造精度较高，齿根部较厚，键齿强度高，当传递的转矩较大及轴径也较大时，宜采用渐开线花键连接。压力角为 45°的渐开线花键由于键齿数多而细小，故适用于轻载和直径较小的静连接，特别适用于薄壁零件的连接。渐开线花键连接的定心方式为齿形定心。由于各齿面径向力的作用，可使连接自动定心，有利于各齿受载均匀。

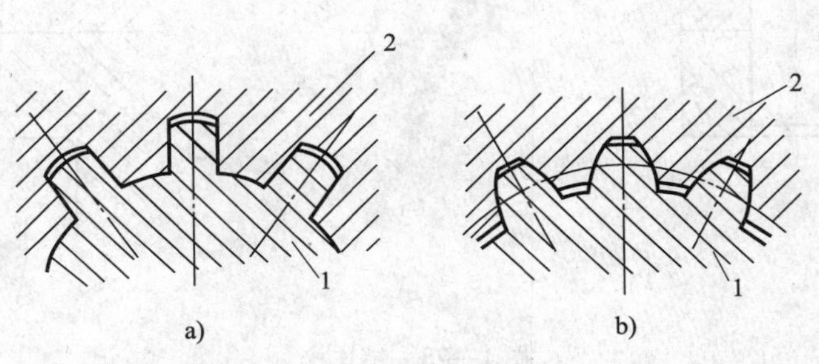


图 1—26　矩形花键连接和渐开线花键连接

a）矩形花键连接　b）渐开线花键连接

1—轴　2—轮毂

## 三、销连接

### 1. 销连接的特点及应用

销连接属于可拆的连接，通常用于零件间的连接、定位或防松，如图 1—27 所示。销是标准件，销连接一般采用过盈配合。

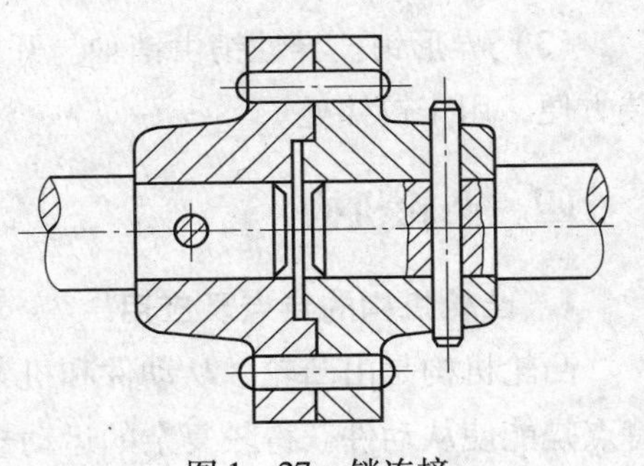

图 1—27　销连接

销连接主要用于定位，即固定零件之间的相对位置，是装配、组合加工时的辅助零件；也可用于轴与毂的连接，传递中等转矩；还可作为安全装置中的过载保护零件，即过载剪断零件。如自行车脚蹬与中轴的连接，箱体装配时的定位、夹具的定位等。销连接的种类较多，应用广泛。

**2. 销的类型**

销可以分为圆柱销、圆锥销和异形销。

（1）圆柱销。圆柱销如图 1—28a 所示，依靠少量过盈固定在孔中，对销孔的尺寸、形状、表面质量等要求较高，销孔在装配前须铰削。通常被连接件的两孔应同时钻、铰，孔壁的表面粗糙度 $R_a$ 值不大于 0.6 μm。装配时，在销上涂上润滑油，用铜棒将销打入孔中。普通圆柱销主要用于定位，但多次装拆后会影响其定位精度。如图 1—28b 所示的弹性圆柱销能起缓冲、吸振的作用，一般用于有冲击、振动的场合。

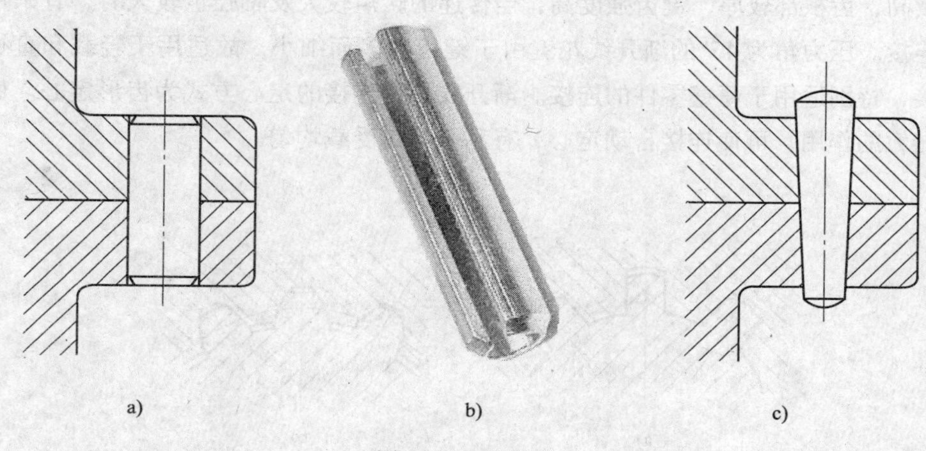


图 1—28　销连接

a）圆柱销　b）弹性圆柱销　c）圆锥销

（2）圆锥销。圆锥销如图 1—28c 所示。装配时，被连接件的两孔应同时钻、铰，钻孔时按圆锥销小头直径选用钻头，用锥度为 1∶50 的铰刀铰孔。铰孔时用试装法控制孔径，以圆锥销自由插入全长的 80% ~85% 为宜。圆锥销用软锤敲入。普通圆锥销定位精度高于圆柱销，且便于安装。

（3）异形销。异性销由销轴与开口销组成，如图 1—29 所示。销轴用开口销锁定，拆装方便，用于铰接处。

## 四、凸轮机构

**1. 凸轮机构的特点及应用**

凸轮机构是由凸轮、从动件和机架三个基本构件组成的高副机构。它在应用中的基本特点是能使从动件获得较复杂的运动规律。

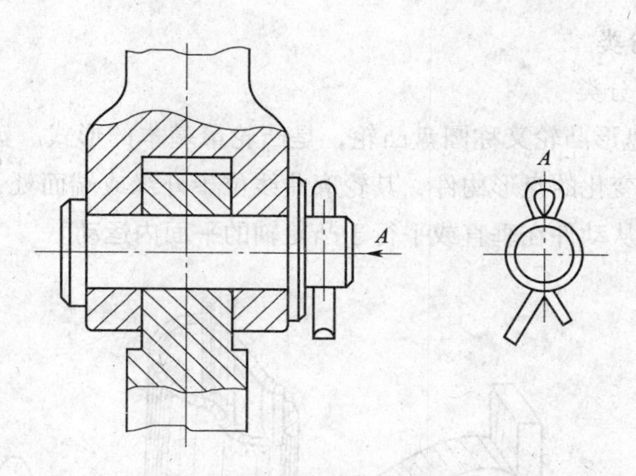


图 1—29　异形销连接

凸轮是一个具有曲线轮廓或凹槽的构件，一般为主动件，做等速回转运动或往复直线运动。从动件与凸轮轮廓接触，并传递动力和实现预定的运动规律，做往复直线运动或摆动。

凸轮机构结构简单、紧凑，设计方便，可实现从动件任意预期运动，因此，在机床、纺织机械、轻工机械、印刷机械、机电一体化装配中大量应用。图 1—30a 所示为内燃机配气结构，图 1—30b 所示为自动车床横刀架进给机构。凸轮机构的缺点有：点、线接触易磨损；凸轮轮廓加工困难；凸轮的行程有限。

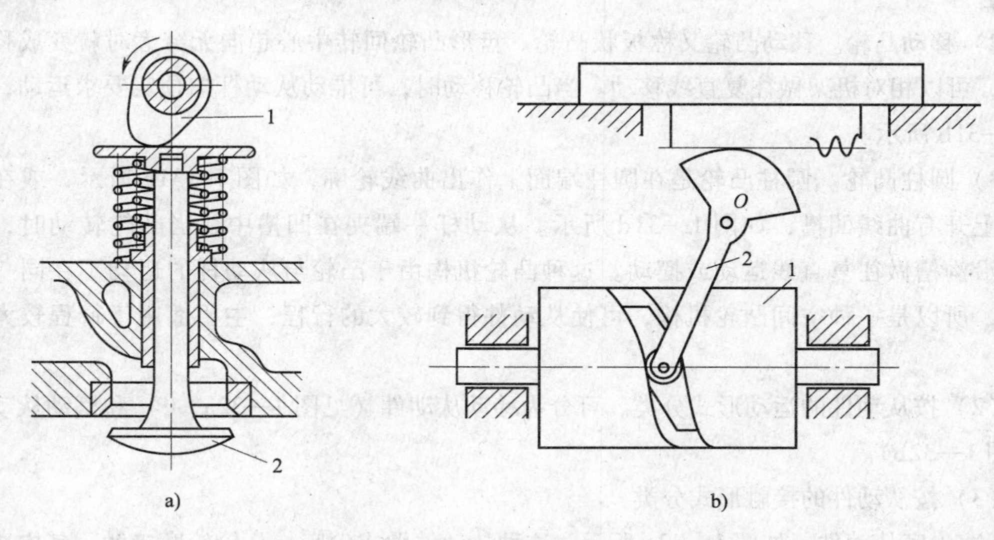


图 1—30　凸轮的应用

a）内燃机配气结构　b）自动车床横刀架进给机构

1—凸轮（主动件）　2—从动件

**2. 凸轮机构的分类**

（1）按凸轮形状分类

1）盘形凸轮。盘形凸轮又称圆盘凸轮，是凸轮最基本的形式。盘形凸轮是一个绕固定轴转动且径向尺寸变化的盘形构件，其轮廓曲线位于外缘或端面处，如图1—31a所示，当凸轮转动时，可使从动件在垂直或平行于凸轮轴的平面内运动。

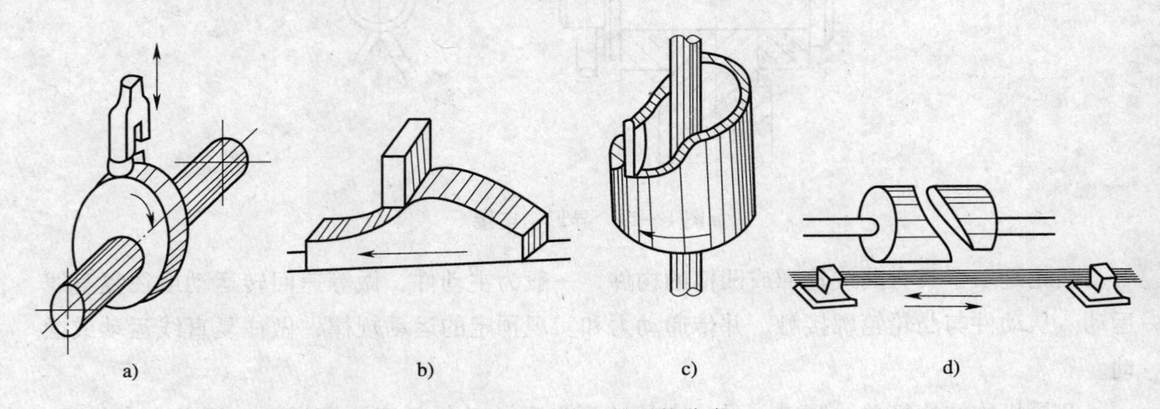


图1—31　按凸轮形状分类

a）盘形凸轮　b）移动凸轮　c）圆柱端面凸轮　d）圆柱槽凸轮

盘形凸轮结构简单，应用最为广泛，但从动件的行程不能太大，所以多用于行程较短的场合。

2）移动凸轮。移动凸轮又称板状凸轮。盘形凸轮回转中心趋向无穷大时就变成移动凸轮，可以相对机架做往复直线移动。当凸轮移动时，可推动从动杆按预定要求运动，如图1—31b所示。

3）圆柱凸轮。圆柱凸轮是在圆柱端面上作出曲线轮廓，如图1—31c所示，或在圆柱面上开有曲线凹槽，如图1—31d所示。从动杆一端夹在凹槽中，当凸轮转动时，从动杆沿沟槽做往复直线运动或摆动。这种凸轮机构由于凸轮与从动杆的运动不在同一平面内，所以是一种空间凸轮机构，可使从动件得到较大的行程，主要适用于行程较大的场合。

（2）按从动件的运动形式分类。可分为移动从动件（见图1—32a、c）和摆动从动件（见图1—32b）。

（3）按从动件的接触形式分类

1）尖底从动件。如图1—32a所示，这种从动件做成尖底与凸轮轮廓接触，其构造简单，动作灵敏，运动精确，但容易磨损，适用于低速、传力小和动作灵敏的场合，如仪表机构中。

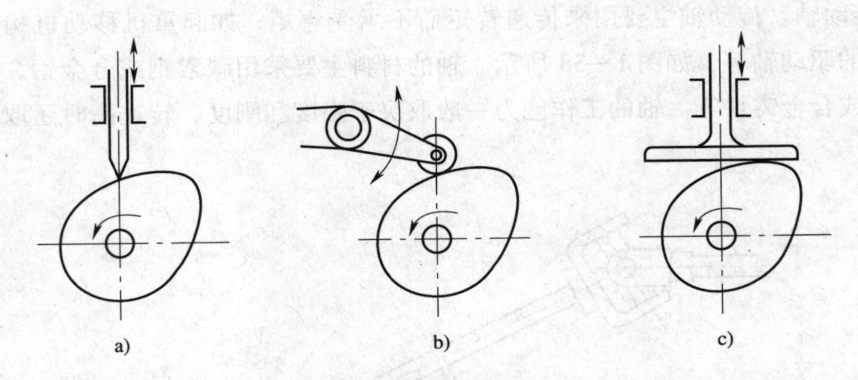


图 1—32　按从动件形式分类

a）尖底移动从动件　b）摆动滚子从动件　c）平底移动从动件

2）滚子从动件。如图 1—32b 所示，这种从动件底端装有滚子。由于滚子与凸轮之间为滚动摩擦，所以凸轮接触摩擦阻力小，解决了磨损过快的问题，可用于传递较大的动力。

3）平底从动件。如图 1—32c 所示，这种从动件做成较大的平底与凸轮接触。它的优点是凸轮对推杆的作用力始终垂直于推杆的底边，压力角为零，故受力比较平稳，而且凸轮与从动件底面接触面积较大，容易形成油膜，减小摩擦，但灵敏度较差。

**3. 从动件运动规律分析**

凸轮运动规律有等速、等加速—等减速、余弦加速度和正弦加速度等。等速运动规律因有速度突变，会产生强烈的刚性冲击，只适用于低速、轻载的场合。等加速—等减速和余弦加速度运动规律也有加速度突变，会引起柔性冲击，只适用于中、低速场合。正弦加速度运动规律的加速度曲线是连续的，没有任何冲击，可用于高速或中速、重载场合。

## 五、轴

**1. 轴的特点**

轴是穿在轴承、车轮或齿轮中间的圆柱形物体，但也有少部分是方形的。轴是支承转动零件并与其一起回转以传递运动、转矩或弯矩的机械零件，一般为金属圆杆状，各段可以有不同的直径。机器中做回转运动的零件就装在轴上。

**2. 轴的分类和应用**

按轴线形状分类，常见的轴有直轴、曲轴和软轴三种。

（1）直轴。直轴按其承载情况不同，可分为传动轴、心轴、转轴。

1）传动轴。传动轴主要用来传递转矩而不承受弯矩，如起重机移动机构中的长光轴、汽车的驱动轴等，如图 1—33 所示。轴的材料主要采用碳素钢或合金钢，也可采用球墨铸铁或合金铸铁等。轴的工作能力一般取决于强度和刚度，转速高时还取决于振动稳定性。

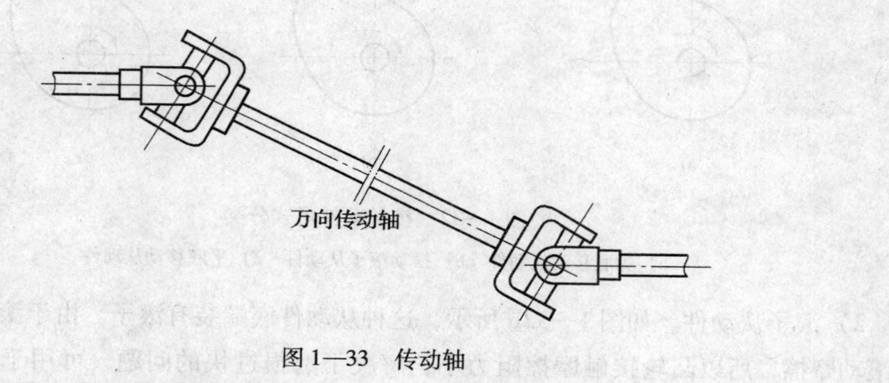


图 1—33　传动轴

2）心轴。心轴用来支承转动零件，只承受弯矩而不传递转矩。有些心轴转动，如铁路车辆的轴等；有些心轴则不转动，如支承滑轮的轴等。

3）转轴。转轴工作时既承受弯矩又承受转矩，是机械中最常见的轴，转轴一般设计为台阶轴，如各种减速器中的轴等，如图 1—34 所示。

直轴根据外形不同，可分为光轴和台阶轴两种，如图 1—35 所示。

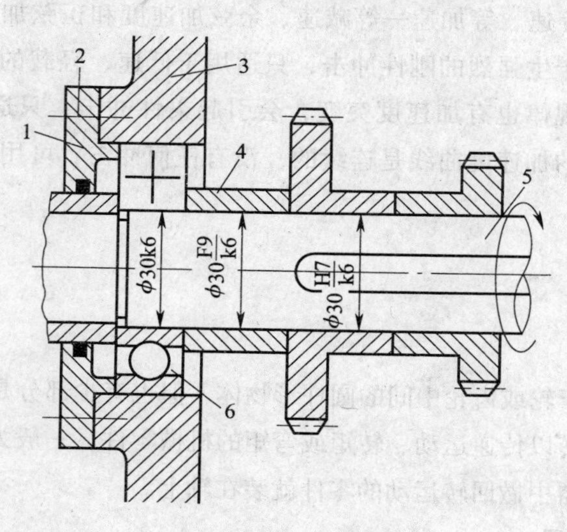


图 1—34　转轴

1—轴承盖　2—固定螺钉　3—箱体　4—挡圈　5—轴　6—轴承

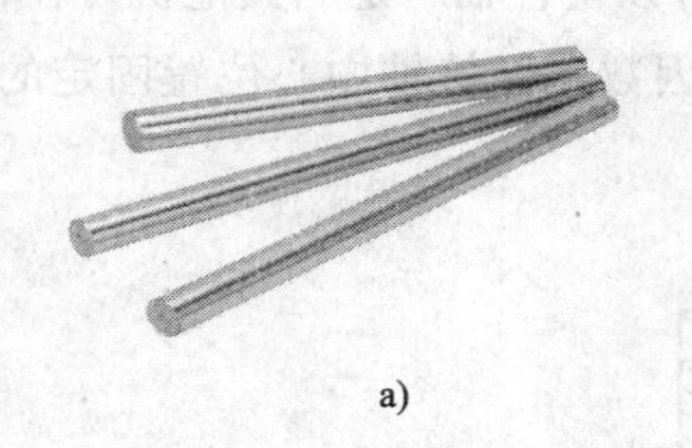

a)

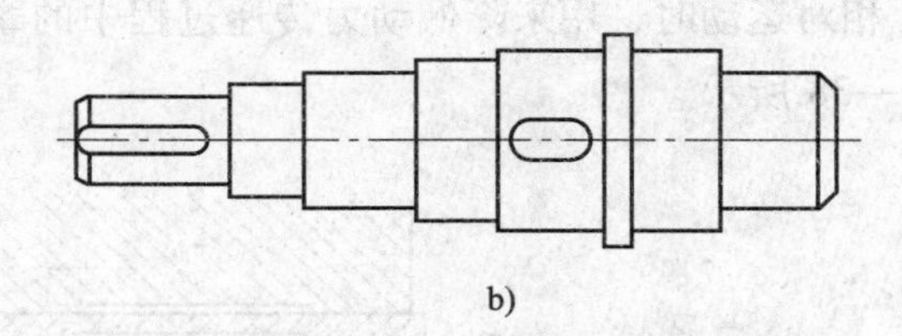

b)

图 1—35　光轴与台阶轴

a）光轴　b）台阶轴

（2）曲轴。曲轴是内燃机、曲柄压力机等机器中用于往复运动和旋转运动相互转换的专用零件，它兼有转轴和曲柄的双重功能，如图 1—36 所示。

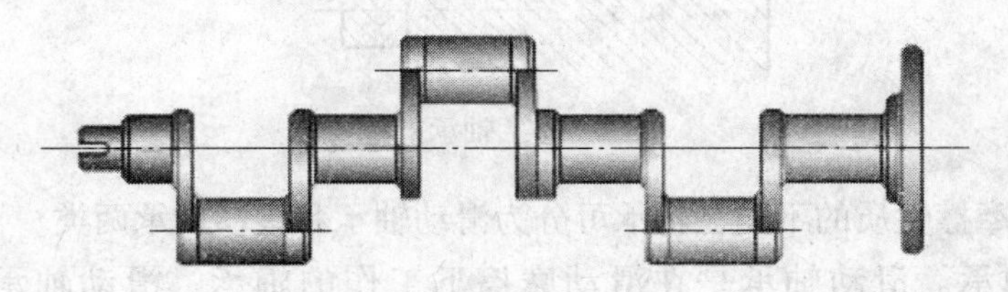

图 1—36　曲轴

（3）软轴。软轴具有良好的挠性，它可以把回转运动灵活地传到任何空间位置，如图 1—37 所示。

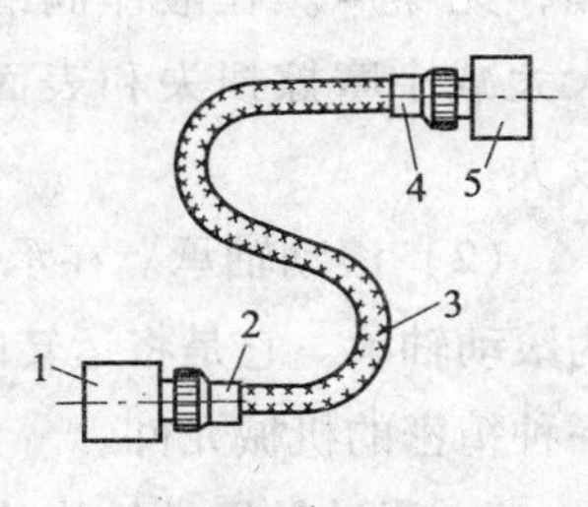


图 1—37　软轴

1—动力源　2、4—接头

3—钢丝软轴（外层为护套）

5—被驱动装置

**3. 轴的结构**

轴的结构主要取决于轴上载荷的性质、大小、方向及分布情况，轴上零件、轴承和机架等相关零件的结合关系，轴的加工和装配工艺等。一般要满足以下几点要求：

（1）节省材料，减轻质量，尽量采用等强度外形尺寸或大的截面系数的截面形状。

（2）易于轴上零件精确定位，固定可靠，易于装配、拆卸和调整。

（3）受力合理，采用各种减小应力集中和提高强度的结构措施。

（4）便于制造和保证精度。

## 六、轴承

**1. 轴承的分类和作用**

轴承是在机械传动过程中起固定和减小载荷摩擦因数作用的部件。轴承用于确定旋转轴与其他零件相对运动位置，起支承或导向作用。也可以说，轴承是当其他机件在轴上彼此产生相对运动时，用来降低动力传递过程中的摩擦因数和保持轴中心位置固定的机件，如图1—38所示。

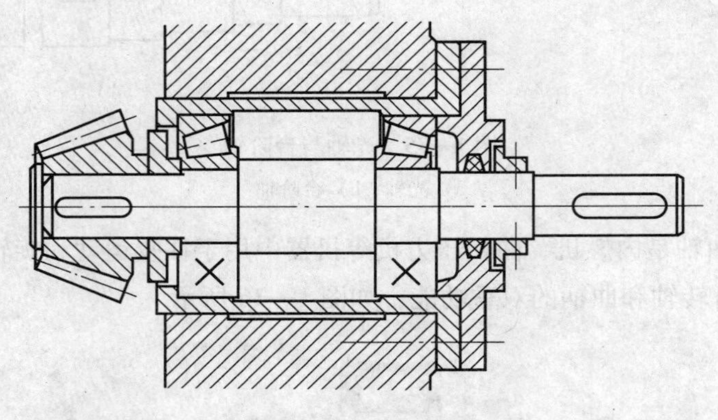

图1—38　轴承支承

按运动元件摩擦性质的不同，轴承可分为滑动轴承和滚动轴承两类。

（1）滑动轴承。滑动轴承是在滑动摩擦下工作的轴承。滑动轴承工作平稳、可靠，无噪声。在液体润滑条件下，滑动表面被润滑油分开而不发生直接接触，还可以大大减小摩擦损失和表面磨损，油膜还具有一定的吸振能力。滑动轴承启动摩擦阻力较大。

（2）滚动轴承。在承受载荷和彼此相对运动的零件间有滚动体做滚动运动的轴承，称为滚动轴承。它是将运转的轴与轴座之间的滑动摩擦变为滚动摩擦，从而减小摩擦损失的一种精密的机械元件。

**2. 滑动轴承的结构特点和应用范围**

（1）结构特点。轴被轴承支承的部分称为轴颈，与轴颈相配的零件称为轴瓦。为了改善轴瓦表面的摩擦性质而在其内表面上浇铸的减摩材料层称为轴承衬。轴瓦和轴承衬的材料统称为滑动轴承材料。轴瓦或轴承衬是滑动轴承的重要零件，向心滑动轴承的轴瓦分为剖分式和整体式，其结构如图1—39所示。

（2）应用范围。滑动轴承一般用在低速、重载条件下，或者是维护、保养及加注润滑油困难的运转部位。滑动轴承比滚动轴承工作更平稳。

**3. 滚动轴承的结构特点和应用范围**

（1）结构特点。与滑动轴承相比，滚动轴承的主要特点是轴向尺寸紧凑。滚动轴承一般由内圈、外圈、滚动体和保持架四部分组成，如图1—40所示。内圈的作用是与轴相配合并与轴一起旋转。外圈的作用是与轴承座相配合，起支承作用。滚动体借助于保持架均

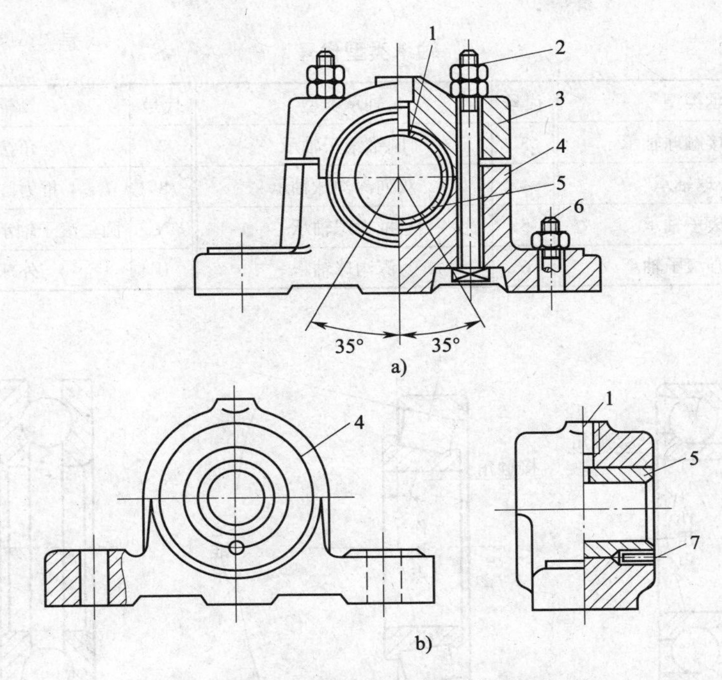


图 1—39　剖分式和整体式滑动轴承的结构

a）剖分式滑动轴承　b）整体式滑动轴承

1—注油孔　2、6—螺栓　3—轴承盖　4—轴承座　5—轴瓦　7—止动螺钉

匀地分布在内圈和外圈之间，其形状、大小和数量直接影响滚动轴承的使用性能和寿命。保持架能使滚动体均匀分布，防止滚动体脱落，引导滚动体旋转。

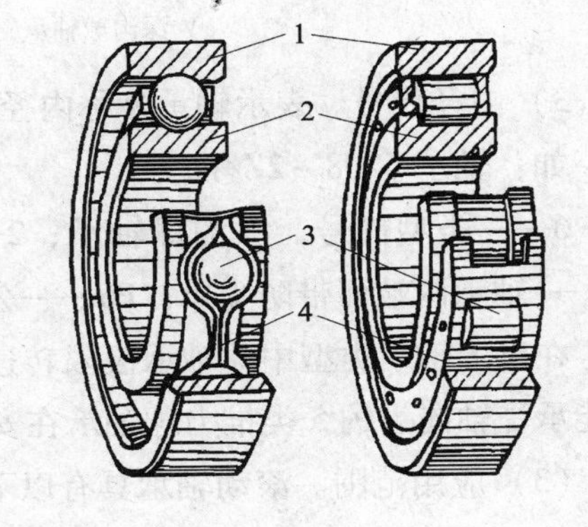


图 1—40　滚动轴承

1—外圈　2—内圈　3—滚动体　4—保持架

（2）基本代号。基本代号表示轴承的基本类型、结构和尺寸。它由轴承类型代号、尺寸系列代号、内径代号构成。

1）轴承类型代号。用数字或字母表示不同类型的轴承，常用代号见表 1—3。常用轴承结构如图 1—41 所示。

2）尺寸系列代号。由两位数字组成。前一位数字代表宽度系列（向心轴承）或高度系列（推力轴承），后一位数字代表直径系列。尺寸系列表示内径相同的轴承可具有不同的外径，而同样的外径又有不同的宽度（或高度），用于满足各种不同要求的承载能力。

表 1—3 轴承类型代号

| 代号 | 轴承类型 | 代号 | 轴承类型 | 代号 | 轴承类型 |
|---|---|---|---|---|---|
| 0 | 双列角接触球轴承 | 3 | 圆锥滚子轴承 | 7 | 角接触球轴承 |
| 1 | 调心球轴承 | 4 | 双列深沟球轴承 | 8 | 推力圆柱滚子轴承 |
| 2 | 调心滚子轴承 | 5 | 推力球轴承 | N | 圆柱滚子轴承，双列用 NN 表示 |
| 2 | 推力调心滚子轴承 | 6 | 深沟球轴承 | U | 外球面球轴承 |

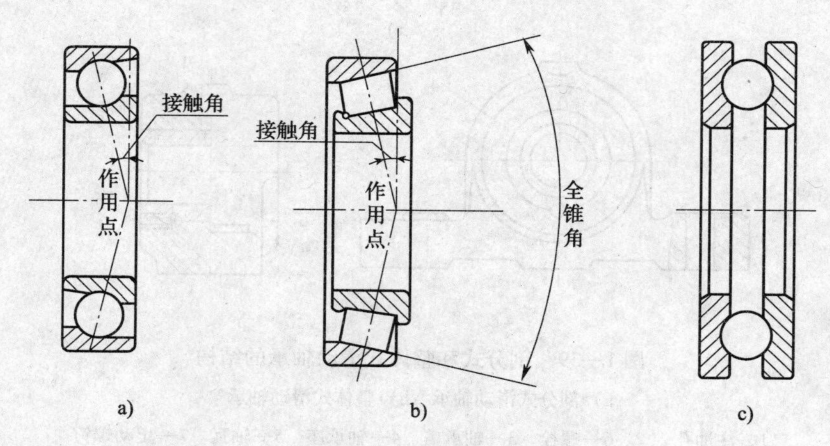


图 1—41 常用轴承结构

a）深沟球轴承 b）圆锥滚子轴承 c）推力球轴承

3）内径代号。表示轴承公称内径的大小，用数字表示。

如：轴承 6208 - 2Z/P6

6——类型代号，深沟球轴承；2——尺寸系列代号；08——内径代号，$d=40$ mm；2Z——轴承两端面带防尘罩；P6——公差等级符合标准规定 6 级。

在以上轴承类型中球轴承极限转速比滚子、滚针轴承高，最高的是 6 类深沟球轴承。只能承受轴向力的 5 类推力球轴承在安装时不允许有偏转角。

（3）应用范围。滚动轴承具有以下优点：

1）摩擦阻力小，功率消耗小，机械效率高，易起动。

2）尺寸标准化、系列化，具有互换性，便于安装拆卸，维修方便。

3）结构紧凑，质量轻，轴向尺寸小。

4）精度高，转速高，磨损小，使用寿命长。

因为滚动轴承的标准化、系列化，它在大部分场合已取代滑动轴承，滚动轴承是应用广泛的重要机械基础件，涉及国民经济和国防事业的各个领域。

# 第5节 液压与气压传动基础

## 学习单元1 液压与气压传动的基本原理

### 学习目标

➤掌握液压与气压传动的组成和工作原理。

➤掌握液压与气压传动的优缺点。

➤熟悉液压油的选用。

### 知识要求

#### 一、液压与气压传动的组成

液压系统的组成如图1—42所示。

**1. 能源装置**

能源装置是把机械能转换成流体的压力能的装置，一般常见的是液压泵或空气压缩机。

**2. 执行装置**

执行装置是把流体的压力能转变为机械能的一种能量转换装置，一般指做直线运动的液（气）压缸、做回转运动的液（气）压马达等。

**3. 控制调节装置**

控制调节装置是对液（气）压系统中流体的压力、流量和流动方向进行控制和调节的装置，如溢流阀、节流阀、换向阀等。这些组件的不同组合形成了能完成不同功能的液（气）压系统。

**4. 辅助装置**

辅助装置是指除了以上能源装置、执行装置和控制调节装置三种装置以外的其他装置，如油箱、过滤器、空气过滤器、油雾器、蓄能器等，它们对保证液（气）压系统可靠和稳定地工作有重大作用。

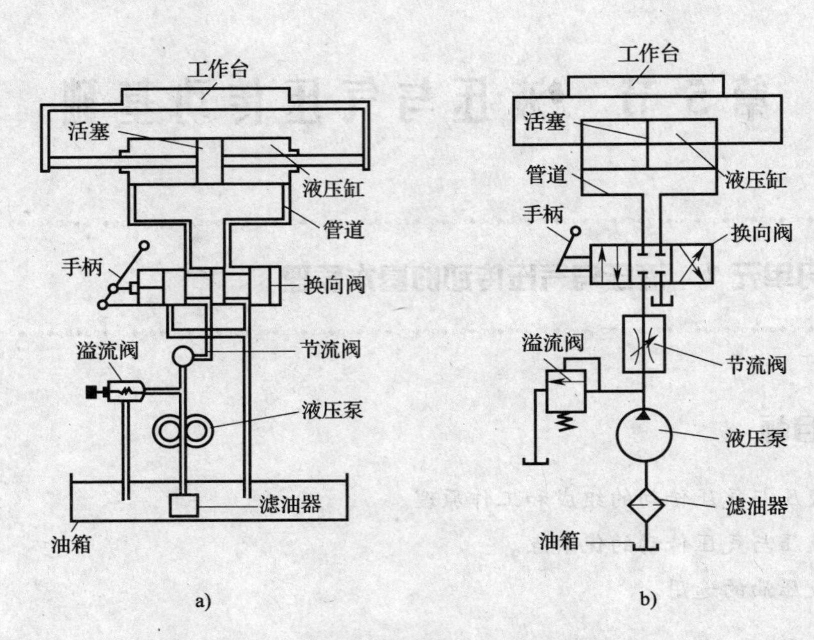


图 1—42 简单磨床的液压系统图

a）液压结构示意图 b）液压原理图

**5. 传动介质**

传动介质是传递能量的流体，即液压油或压缩空气。

## 二、液压与气压传动的工作原理

液（气）压系统的工作原理是利用液压泵或空气压缩机将电动机或其他原动机输出的机械能转换成液压油（空气）的压力能，然后在控制元件的控制和辅助元件的配合下，通过执行元件把液压油（空气）的压力能转换成机械能，从而完成直线或回转运动并对外做功。

## 三、液压与气压传动的优缺点

**1. 液压传动的优点**

液压元件易于实现系列化、标准化和通用化，便于设计、制造和推广使用。

液压装置易于实现过载保护，能实现自润滑，使用寿命长；工作平稳，换向冲击小，便于实现频繁换向；容易做到对速度的无级调节，而且调速范围大，对速度的调节还可以在工作过程中进行。

在同等体积下，液压装置能产生更大的动力，也就是说，在同等功率下，液压装置的体积小、质量轻、结构紧凑，即它具有大的功率密度或力密度，力密度在这里指工作压力。这里可以用“力大无比”来形容液压传动。

**2. 液压传动的缺点**

使用液压传动对维护的要求高，液压油易泄漏，且要始终保持清洁。液压元件制造精度要求高，工艺复杂，成本较高。液压元件维修较复杂，且需有较高的技术水平。

液压传动对油温变化较敏感，这会影响它的工作稳定性。因此，液压传动不宜在很高或很低的温度下工作，在 -15 ~60℃范围内工作较合适。

液压传动在能量转化的过程中，特别是在节流调速系统中，其压力大，流量损失大，故系统效率较低。

**3. 气压传动的优点**

与液压传动相比，气压传动的优点是无污染。气压传动系统的介质是空气，它取之不尽，用之不竭，成本较低，用后的空气可以排到大气中去，污染较小。

气压与液压传动的共同优点是均可过载保护，即气压传动在一定的超负载工况下运行也能保证系统安全工作，并且不易发生过热现象。气压传动有较好的自保持能力，即使气源停止工作，或气阀关闭，气压传动系统仍可维持一个稳定的压力。

气压传动工作环境适应性好。气压传动的工作介质黏度很小，所以流动阻力很小，压力损失小，便于集中供气和远距离输送，便于使用。气压传动动作速度和反应快，特别适用于食品及医药等行业的生产过程。

**4. 气压传动的缺点**

由于空气的可压缩性比液压油大，气压传动系统的速度稳定性差，位置和速度控制精度不高。

气压传动系统的工作压力低（一般为 0.4 ~0.8 MPa），因此，气压传动装置的推力较低，仅适用于小功率场合。气压传动系统的噪声大。气压传动与液压传动的共同缺点是传动效率低。

## 四、液压油的物理性质和选用

**1. 液压油的物理性质**

液体受压力的作用而使其体积发生变化的性质被称为液体的可压缩性。油液在受压力作用时，其体积减小。油液内如混入空气等，其抗压缩能力显著降低，这会影响液压系统的工作性能。因此，在有较高要求或压力变化较大的液压系统中，应尽量减少油液中混入的气体及其他易挥发性物质（如煤油、汽油等）的含量。

液体在外力作用下流动或有流动趋势时，液体内分子间的内聚力要阻止液体分子的相对运动，由此产生一种内摩擦力，这种现象被称为液体的黏性。表示液体黏性大小程度的物理量是黏度。我国液压油的牌号就是用其在温度为40℃时的运动黏度（厘斯）平均值来表示的。如32号液压油，就是指这种油在40℃时的运动黏度平均值为32 $mm^2/s$。

**2. 对液压油的基本要求**

不同的液压传动系统、不同的使用条件对液压工作介质的要求也不相同，为了更好地传递动力和运动，液压传动系统所使用的工作介质（液压油）应具备以下基本性能：

（1）合适的黏度，润滑性能好，并具有较好的黏温特性。

（2）质地纯净、杂质少，并对金属和密封件有良好的相容性。

（3）对热、氧化、水解和剪切有良好的稳定性。

（4）抗泡沫性、抗乳化性和防锈性好，腐蚀性小。

（5）体积膨胀系数小，比热容大，流动点和凝固点低，闪点和燃点高。

（6）对人体无害，对环境污染小，成本低，价格便宜。

**3. 液压油的分类**

液压油有两大类，即石油型液压油和难燃液压油。在液压传动系统中所使用的液压油大多数是石油型的矿物油。

石油型的液压油是以机械油为基料，精炼后按需要加入适当的添加剂而制成。所加入的添加剂大致有两类：一类是用来改善油液化学性质的，如抗氧化剂、防锈剂等；另一类是用来改善油液物理性质的，如增黏剂、抗磨剂等。

石油型的液压油润滑性好，但抗燃性差。由此又研制出难燃型液压油（含水型、合成型等）供选择，以满足轧钢机、压铸机、挤压机等对耐高温、热稳定、不腐蚀、不挥发、防火等方面的要求。

**4. 液压油的选用**

在选择液压油类型时，最主要的是考虑液压传动系统的工作环境和工作条件。若系统靠近300℃以上高温的表面热源或有明火场所，就要选择难燃型液压油。在易燃、易爆的工作场合，不应使用石油型液压油。

液压油的类型选定后，再选择液压油的黏度，即牌号。黏度太大，油液的压力损失和发热大，系统的效率降低；黏度太小，泄漏增大，也会使液压系统的效率降低。因此，应选择使系统能正常、高效和可靠工作的油液黏度。

# 学习单元2　液压与气压系统典型元器件

## 学习目标

➢掌握液压系统典型元器件。

➢掌握气压系统典型元器件。

## 知识要求

### 一、液压系统典型元器件

**1．液压泵**

液压泵是将机械能转变为液压能的一种能量转换装置。它向整个液压系统提供动力。液压泵的分类方式很多，按压力大小分为低压泵、中压泵和高压泵；按流量是否可以调节分为定量泵和变量泵；按泵的结构分成齿轮泵、叶片泵和柱塞泵。

（1）齿轮泵。体积较小，结构较简单，对油的清洁度要求不高，价格较便宜；但泵轴受不平衡力，磨损严重，泄漏较大。

（2）叶片泵。分为双作用叶片泵和单作用叶片泵。这种泵流量均匀、运转平稳、噪声小，作用压力和容积效率比齿轮泵高，结构比齿轮泵复杂。

（3）柱塞泵。容积效率高、泄漏小，可在高压下工作，大多用于大功率液压系统；但结构复杂，材料和加工精度要求高，价格贵，对油的清洁度要求高。

一般在齿轮泵和叶片泵不能满足要求时才用柱塞泵。还有一些其他形式的液压泵，如螺杆泵等，但应用不如上述三种普遍。

**2．液压缸**

液压缸是将液压能转变为机械能做直线往复运动（或摆动运动）的液压执行元件。它结构简单，工作可靠。用它来实现往复运动时，可免去减速装置，并且没有传动间隙，运动平稳，因此，在各种机械的液压系统中得到广泛应用，如图1—42所示。

液压缸按结构形式可分为活塞缸、柱塞缸、摆动缸。活塞缸根据使用要求不同又可分成双杆式和单杆式两种。

**3．方向控制阀**

方向控制阀主要用于通断油路或控制液压系统中油液流动的方向，分为单向阀和换向阀两大类。

（1）单向阀。单向阀是能够控制油液流动方向的元器件。单向阀有普通单向阀和液控单向阀。如图 1—43 所示为普通单向阀的结构和符号。压力油从 $P_1$ 流向 $P_2$，反向不通。

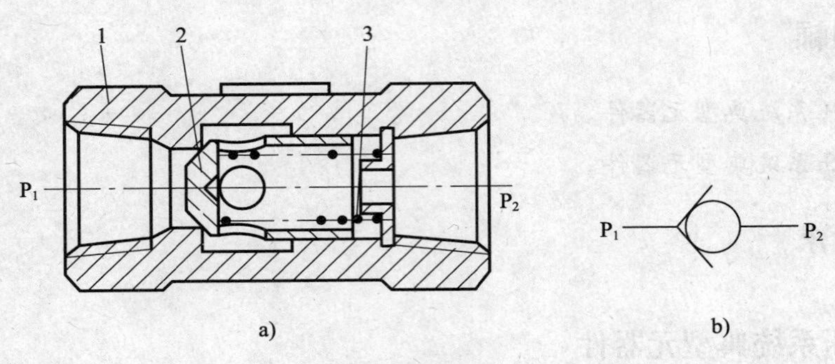


图 1—43　普通单向阀

a）单向阀结构　b）单向阀符号

1—阀体　2—阀芯　3—弹簧

（2）换向阀。换向阀是具有两种以上流动形式和两个以上油口的方向控制阀，是实现液压油的沟通、切断和换向，以及压力卸载和顺序动作控制的阀门。按操作方式可分为手动换向阀、电磁换向阀、电液换向阀等；按阀芯的工作位置可分成二位、三位等；按阀体通道数目分成二通、三通、四通等。如图 1—42 所示的换向阀为手动三位四通换向阀。

**4．压力控制阀**

压力控制阀简称压力阀，主要用来满足对执行机构提出的力或力矩的要求。压力控制阀包括溢流阀、减压阀、顺序阀和压力继电器等。

（1）溢流阀。在液压设备中主要起定压溢流作用，实现调压、稳压或限压，起到系统卸荷和安全保护的作用。

在定量泵节流调节系统中，定量泵提供的是恒定流量。当系统压力增大时，会使流量需求减小。此时溢流阀开启，使多余流量溢回油箱，保证溢流阀进口压力，即泵出口压力恒定（阀口常随压力波动开启），如图 1—42 所示。溢流阀一般有直动型、先导型两种结构，符号如图 1—44a、d 所示。先导型溢流阀的阀体上有个远程控制口，可对系统压力实现远程控制。

（2）减压阀。减压阀是用节流方法使出口压力低于进口压力，通过调节将进口压力减至某一需要的出口压力，符号如图 1—44b、e 所示。

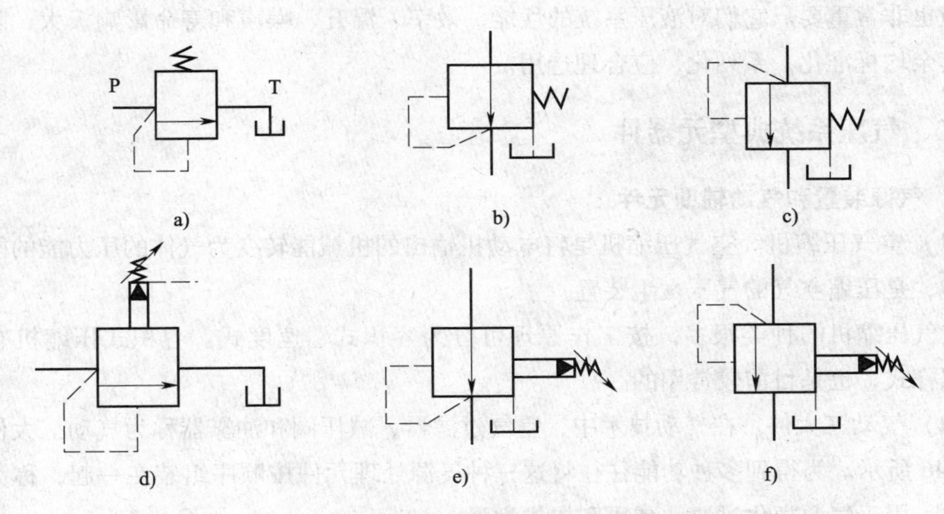


图 1—44　溢流阀、减压阀、顺序阀的符号

a）直动型溢流阀　b）直动型减压阀　c）直动型顺序阀

d）先导型溢流阀　e）先导型减压阀　f）先导型顺序阀

（3）顺序阀。顺序阀控制油液的通断，是在具有两个以上分支回路的系统中，根据回路的压力等来控制执行元件动作顺序的阀，符号如图 1—44c、f 所示。

（4）压力继电器。压力继电器是利用液体的压力来启闭电气触点的液压电气转换元件，如图 1—45 所示。当系统压力达到压力继电器的调定值时，发出电信号，使电气元件（如电磁铁、电动机、时间继电器、电磁离合器等）动作，使油路卸压、换向，执行元件实现顺序动作，或关闭电动机使系统停止工作，起安全保护作用等。

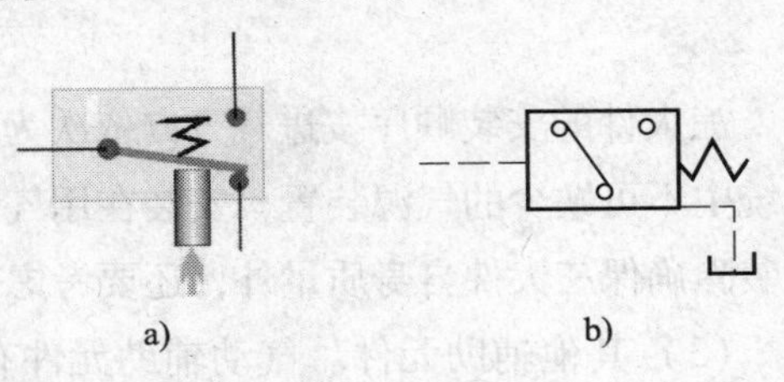


图 1—45　压力继电器

a）工作原理　b）符号

**5. 流量控制阀**

（1）节流阀。节流阀是通过改变通道的过流面积或长度来控制流体流量的阀。

（2）调速阀。调速阀是具有压力补偿装置的节流阀。它由定差减压阀和节流阀并联而成。

节流阀适用于一般的节流调速系统，而调速阀适用于执行元件负载变化大而运动速度要求稳定的系统。

**6. 辅助元件**

液压辅助元件包括蓄能器、过滤器、油箱、管道和管接头等。这些元件虽然起辅助作用，但也非常重要。它们对液压系统的性能、效率、温升、噪声和寿命影响极大，除油箱外，其余均标准化、系列化，应合理选用。

## 二、气压系统典型元器件

### 1. 气源装置和气动辅助元件

（1）空气压缩机。空气压缩机是将电动机输出的机械能转变为气体的压力能的能量转换装置，是压缩空气的气压发生装置。

空气压缩机的种类很多，按工作原理可分为容积式、速度式。容积式压缩机有活塞式、螺杆式，也是目前较常用的。

（2）气动三大件。在气动技术中，空气过滤器、减压阀和油雾器称为气动三大件，如图 1—46 所示。为得到多种功能往往将这三种气源处理元件按顺序组装在一起，称为气动三联件，用于气源净化过滤、减压和提供润滑。

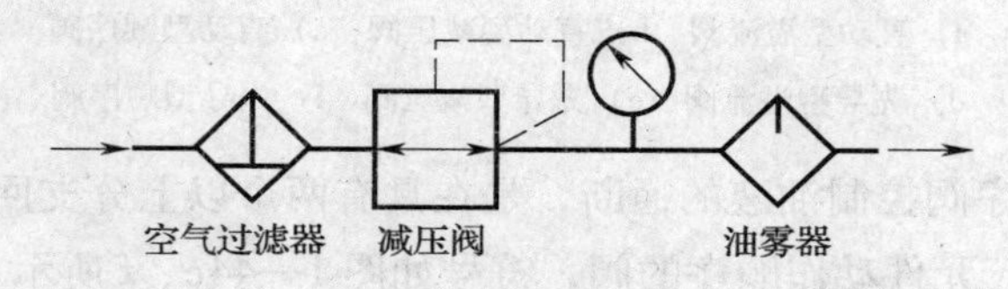

图 1—46　气动三大件

三大件的安装顺序按进气方向依次为空气过滤器、减压阀、油雾器。三大件是多数气动系统中不可缺少的气源装置，安装在用气设备近处，是压缩空气质量的最后保证，其设计和安装除确保三大件自身质量外，还要考虑节省空间、操作安装方便、可任意组合等因素。

（3）其他辅助元件。气动辅助元件有冷却器、油水分离器、储气罐、干燥器、消声器等，符号如图 1—47 所示。

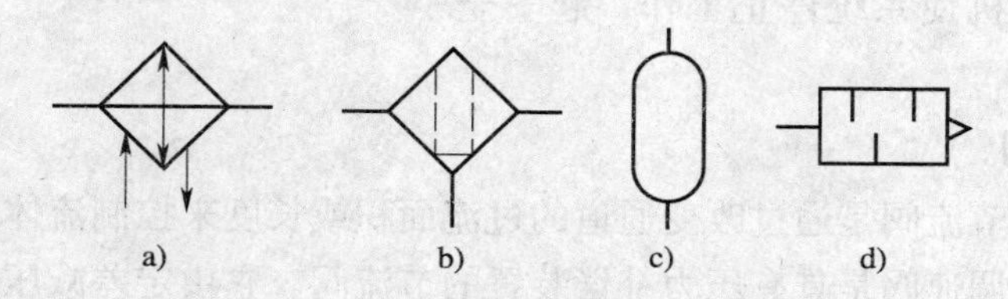

图 1—47　气动辅助元件的符号

a）冷却器　b）油水分离器　c）储气罐　d）消声器

### 2. 方向、压力和流量控制阀

气动控制阀是指在气动系统中控制气流的压力、流量和流动方向，并保证气动执行元件或机构正常工作的各类气动元件。

方向控制阀用来控制压缩空气的流动方向和气流的通、断，可分成单向阀、换向阀等。

在气压传动系统中，压力控制阀用来控制压缩空气的压力或依靠压力来控制执行元件的动作顺序。按控制功能可分成溢流阀、减压阀、顺序阀，基本原理与液压元件相似，如溢流阀控制空气的压力，也可以成为安全阀。

流量控制阀就是通过改变阀的流量截面积来实现流量控制的元件，常用流量控制阀有节流阀和调速阀，节流阀一般包括单向节流阀、排气节流阀。

# 第6节　机床电气控制基础

## 学习单元1　机床常用电器结构和原理

➢掌握电器分类和低压电器的作用。

➢掌握刀开关和自动空气开关的用途。

➢掌握常用低压熔断器的用途。

➢掌握主令电器中各类按钮、万能转换开关、接近式位置开关以及行程开关的用途。

➢掌握接触器和热继电器的特点与用途。

➢掌握万用表的使用注意事项。

### 一、电器的基本知识

**1. 电器的概念**

电器主要指对电路进行接通、分断，对电路参数进行变换，以实现对电路或用电设备的控制、调节、切换、检测和保护等作用的电工装置、设备和元件。由控制电器组成的自动控制系统，称为电气控制系统。

**2. 电器的分类**

（1）按工作电压等级分类

1）高压电器。用于交流电压 1 200 V、直流电压 1 500 V 及以上电路中的电器，主要有高压断路器、高压隔离开关、高压熔断器、高压负荷开关和接地短路器等。

2）低压电器。低压电器是指交流 50 Hz、额定电压 1 200 V 以下，直流额定电压 1 500 V 及以下的电路中的电器。

（2）按动作原理分类

1）手动电器。用手或依靠机械力进行操作的电器，如手动开关、控制按钮、行程开关等主令电器。

2）自动电器。借助于电磁力或某个物理量的变化自动进行操作的电器，如接触器、继电器、电磁阀等。

（3）按用途分类

1）控制电器。用于各种控制电路和控制系统的电器，如接触器、继电器、电动机启动器等。

2）主令电器。用于自动控制系统中发送动作指令的电器，如按钮、行程开关、万能转换开关等。

3）保护电器。用于保护电路及用电设备的电器，如熔断器、热继电器、各种保护继电器、避雷器等。

4）执行电器。用于完成某种动作或传动功能的电器，如电磁铁、电磁离合器等。

5）配电电器。用于电能的输送和分配的电器，如高压断路器、隔离开关、刀开关、自动空气开关等。

（4）按工作原理分类

1）电磁式电器。依据电磁感应原理来工作，如接触器、各种类型的电磁式继电器等。

2）非电量控制电器。依靠外力或某种非电物理量的变化而动作的电器，如刀开关、行程开关、按钮、速度继电器、温度继电器等。

**3. 低压电器的作用**

低压电器能够依据操作信号或外界现场信号的要求，自动或手动地改变电路的状态、参数，实现对电路或被控对象的控制、保护、测量、指示、调节和转换。如电梯的快慢速自动切换是低压电器的控制作用，房间温湿度的自动调节是低压电器的调节作用。

## 二、开关电器

### 1. 刀开关

（1）定义及分类。刀开关又称闸刀开关，是手控电器中最简单而使用又较广泛的一种用来接通或断开电路的低压电器。常用的刀开关有开启式、封闭式、组合式、熔断器式。符号如图 1—48a 所示。

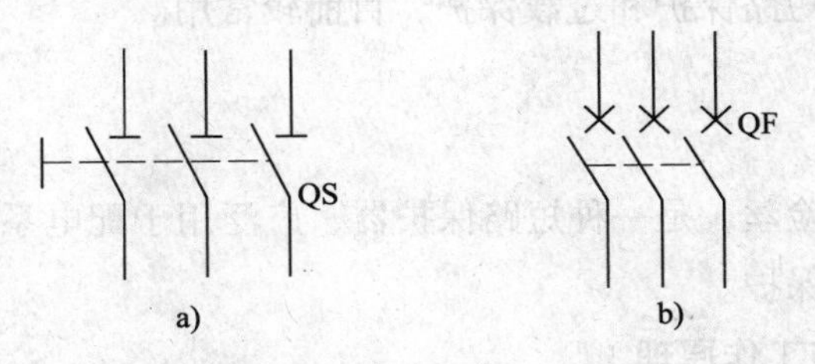


图 1—48　刀开关与空气开关符号

a）刀开关　b）空气开关

（2）功能和选用

1）刀开关结构形式的选择。应根据刀开关的作用和装置的安装形式来选择是否带灭弧装置，若分断负载电流时，应选择带灭弧装置的刀开关。根据装置的安装形式选择是正面、背面还是侧面操作形式，是直接操作还是杠杆传动，是板前接线还是板后接线。

2）刀开关额定电流的选择。一般应等于或大于所分断电路中各个负载额定电流的总和。对于电动机负载，应考虑其启动电流，所以应选用额定电流大一级的刀开关。若再考虑电路出现的短路电流，还应选用额定电流更大一级的刀开关。

### 2. 自动空气开关

（1）定义及分类。它集控制和多种保护功能于一身，除了能完成接触和分断电路外，还能对电路或电气设备发生的短路、严重过载及欠电压等进行保护，同时也可以用于不频繁地启动电动机。符号如图 1—48b 所示。

1）按极数分：单极、两极和三极。

2）按保护形式分：电磁脱扣器式、热脱扣器式、复合脱扣器式（常用）和无脱扣器式。

3）按全分断时间分：一般式和快速式（先于脱扣机构动作，脱扣时间在 0.02 s 以内）。

4）按结构形式分：塑壳式、框架式、限流式、直流快速式、灭磁式和漏电保护式。

电力拖动与自动控制线路中常用的自动空气开关为塑壳式，如 DZ5－20 系列。

（2）工作原理。脱扣器是自动空气开关的主要保护装置。

热脱扣器由热元件和双金属片构成，它的发热元件串联在主电路中。当电路过载时，过载电流使发热元件温度升高，双金属片受热弯曲切断主电路，起过载保护作用。

电磁脱扣器由电流线圈和铁心组成，其线圈串联在主电路中，若电路或设备短路，主电路电流增大，线圈磁场增强，吸动衔铁分断主电路，起短路保护作用。

复式脱扣器能完成短路保护和过载保护，目前较常用。

## 三、熔断器

熔断器也被称为保险丝，是一种短路保护器，广泛用于配电系统和控制系统，主要进行短路保护或严重过载保护。

**1．熔断器的组成与工作原理**

熔断器主要由熔体和熔管以及外加填料等部分组成。使用时，将熔断器串联于被保护电路中，当被保护电路的电流超过规定值，并经过一定时间后，由熔体自身产生的热量熔断熔体，使电路断开，从而起到保护的作用。

**2．常用熔断器**

常用的熔断器有插入式铅锡合金熔体的 RQA 系列熔断器、螺旋式熔断器 RL1 系列、填料封闭式熔断器 RT0 系列及无填料封闭式熔断器 RM 系列等。熔断器的电路符号如图 1—49a 所示。

（1）插入式熔断器。如图 1—49b 所示为插入式熔断器。它常用于 380 V 及以下电压等级的线路末端，作为配电支路或电气设备短路保护。

a)

b)

c)

图 1—49　熔断器

a）符号　b）插入式　c）螺旋式

（2）螺旋式熔断器。如图 1—49c 所示为螺旋式熔断器。熔体上的上端盖有一熔断指示器，一旦熔体熔断，指示器马上弹出，可透过瓷帽上的玻璃孔观察到，它常用于机床电气控制设备中。螺旋式熔断器分断电流较大，可用于电压等级 500 V 及其以下、电流等级 200 A 以下的电路中，作为短路保护。

**3. 熔断器的选择**

熔断器的选择主要依据负载的保护特性和短路电流的大小。对于容量小的电动机和照明支线，常采用熔断器作为过载及短路保护，因而希望熔体的熔化系数适当小些，通常选用铅锡合金熔体的 RQA 系列熔断器。对于较大容量的电动机和照明干线，则应着重考虑短路保护和分断能力。通常选用具有较高分断能力的 RM10 和 RL1 系列熔断器；当短路电流很大时，宜采用具有限流作用的 RT0 和 RT12 系列熔断器。

为防止发生越级熔断、避免事故范围扩大，上、下级线路（即供电干、支线）的熔断器间应有良好配合。选用时，应使上级（供电干线）熔断器的熔体额定电流比下级（供电支线）大 1 ~2 个级差。

## 四、主令电器

主令电器是用来接通和分断控制电路以发布命令或对生产过程进行程序控制的开关电器。常用来控制电力驱动系统中电动机的启动、停车、调速和制动等。

主令电器包括控制按钮、行程开关 、主令开关和主令控制器等。另外，还有踏脚开关、接近开关、倒顺开关、紧急开关等。

**1. 按钮**

（1）定义。按钮是一种手动操作接通或断开控制电路的主令电器。

（2）分类。按触头的状态，按钮分为：常开按钮——开关触点断开的按钮，即启动按钮；常闭按钮——开关触点接通的按钮，即停止按钮。按钮的电路符号如图 1—50 所示。

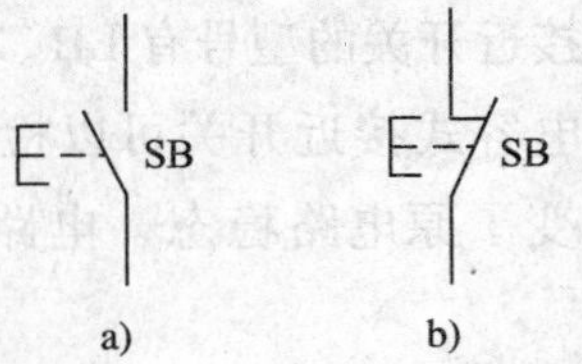

SB SB

a) b)

图 1—50 按钮的电路符号

a）常开按钮 b）常闭按钮

红色按钮用来使某一功能停止，而绿色按钮可开始某一项功能。按钮的形状通常是圆形或方形。

**2. 万能转换开关**

（1）定义。万能转换开关是一种多挡式、控制多回路的主令电器，如图 1—51 所示。

（2）功能。万能转换开关主要适用于交流 50 Hz、额定工作电压 380 V 及以下、直流电压 220 V 及以下，额定电流 160 A 的电气线路中。万能转换开关主要用于各种控制线路

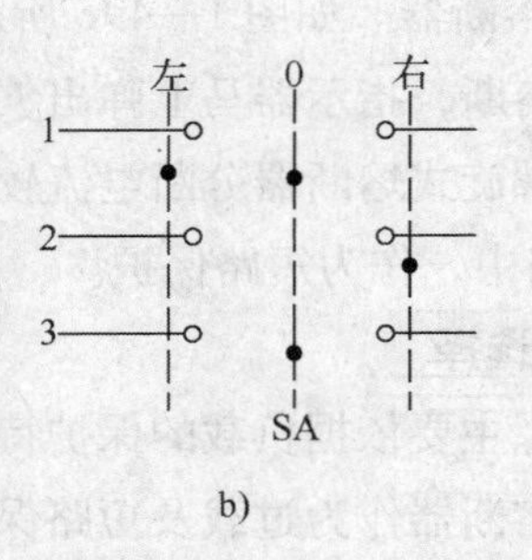


a) b)

图 1—51 万能转换开关

a）万能转换开关 b）电路符号

的转换，电压表、电流表的换相测量控制，配电装置线路的转换和遥控等。万能转换开关还可以用于直接控制小容量电动机的启动、调速和换向。

**3. 接近式位置开关**

（1）定义。接近式位置开关是一种非接触式位置开关，简称接近开关，电路符号如图 1—52 所示。接近开关具有使用寿命长、工作可靠、重复定位精度高、无机械磨损、无火花、无噪声、抗振能力强等特点，广泛地应用于机床、冶金、化工、轻纺和印刷等行业。

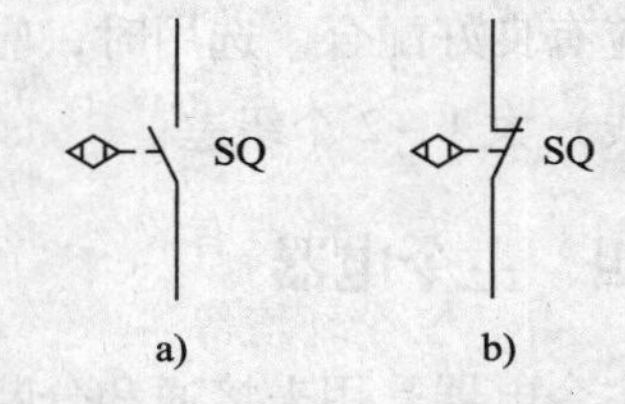


a) b)

图 1—52 接近开关的电路符号

a）动合触点 b）动断触点

（2）分类。接近开关有电感式、电容式。

电感式接近开关的感应头是一个铁氧体磁心的电感线圈，只能够检测金属体。常用电感式接近开关的型号有 LJ1、LJ2 等系列。

电容式接近开关可以检测金属和非金属，物体接近探头，电容容量发生改变，从而改变了原电路稳态，电路转换触发。常用电容式接近开关的型号有 LXJ15、TC 等系列。

**4. 行程开关**

（1）定义和功能。行程开关又称位置开关或限位开关。行程开关是用来控制运动部件在一定行程范围内的自动往复循环的主令电器。它的作用与按钮相同，只是其触点的动作不是靠手动操作，而是利用生产机械某些运动部件上的挡铁碰撞其滚轮使触头动作来实现接通或分断电路的。

行程开关的结构分为三个部分：操作机构、触头系统和外壳。行程开关的结构如图 1—53a 所示，电路符号如图 1—53b 所示。

（2）分类和选用。行程开关按其结构可分为直动式、滚轮式、微动式和组合式。行程开关广泛用于各类机床和起重机械，用于控制行程及进行终端限位保护。

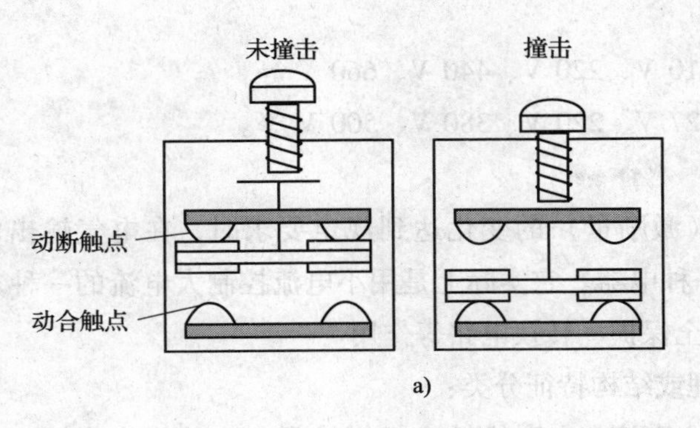


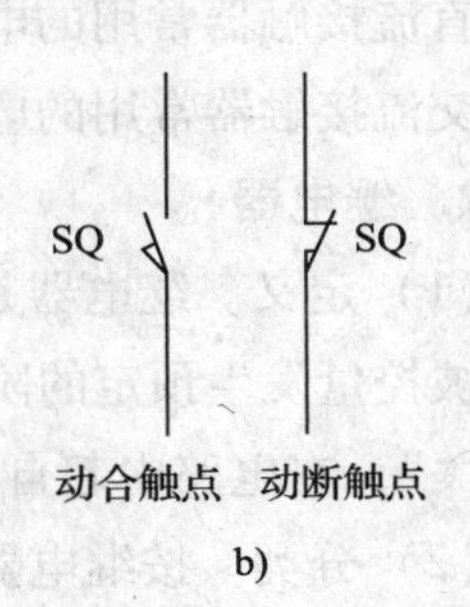


图 1—53 行程开关

a）行程开关结构 b）电路符号

对于要求使用寿命长、操作频率高的行程开关应采用无触点的形式。无触点行程开关属于接近开关，除了可以完成行程控制和限位保护外，还是一种非接触型的检测装置，用于检测零件尺寸和测速等，也可用于变频计数器、变频脉冲发生器、液面控制和加工程序的自动衔接等。特点有工作可靠、使用寿命长、功耗低、复定位精度高、操作频率高以及适应恶劣的工作环境等。

## 五、接触器和继电器

### 1. 接触器

（1）定义及分类。接触器是一种频繁地接通或断开交直流主电路、大容量控制电路等大电流电路的自动切换装置。接触器的电路符号如图 1—54 所示。

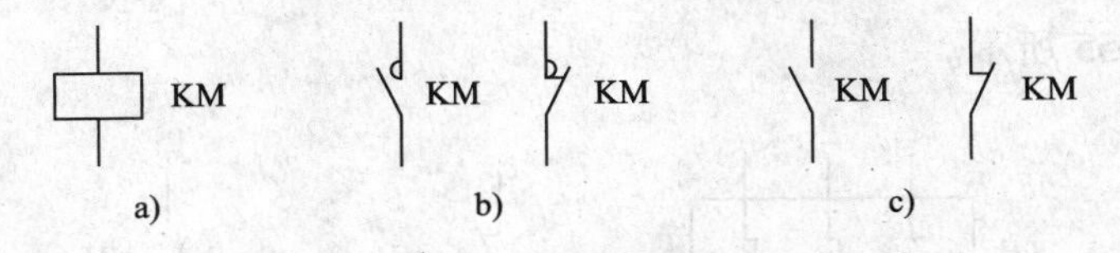


图 1—54 接触器符号

a）线圈 b）主触点 c）辅助触点

按主触点连接回路的形式，接触器可分为交流接触器和直流接触器。

（2）功能和选用。交流接触器的工作原理是：当接触器线圈通电后，线圈电流会产生磁场，产生的磁场使静铁心产生电磁吸力吸引动铁心，并带动交流接触器触点动作，常闭触点断开，常开触点闭合，两者是联动的；当线圈断电时，电磁吸力消失，衔铁在释放弹簧的作用下释放，使触点复原，常开触点断开，常闭触点闭合。直流接触器的工作原理跟温度开关的原理有点相似。

直流接触器常用的电压等级为 110 V、220 V、440 V、660 V 等。

交流接触器常用的电压等级为 127 V、220 V、380 V、500 V 等。

**2. 继电器**

（1）定义。继电器是当输入量（激励量）的变化达到规定要求时，在电气输出电路中使被控量发生预定的阶跃变化的一种电器。它实际上是用小电流控制大电流的一种“自动开关”，在电路中起自动调节、安全保护、转换电路等作用。

（2）分类。按继电器的工作原理或结构特征分类：

1）电磁继电器。利用输入电路内电流在电磁铁铁心与衔铁间产生的吸力作用而工作的一种电气继电器。包括极化继电器、舌簧继电器等。

2）固体继电器。指电子元件履行其功能而无机械运动构件，输入和输出隔离的一种继电器。

3）温度继电器。当外界温度达到给定值时而动作的继电器。

4）时间继电器。当加上或除去输入信号时，输出部分需延时或限时到规定时间才闭合或断开其被控线路的继电器。

5）其他类型的继电器。如光继电器、声继电器、热继电器等。

（3）接触器与继电器的区别。接触器原理与电压继电器相同，只是接触器控制的负载功率较大，故体积也较大。交流接触器广泛用于电力的开断和控制电路。继电器是一种小信号控制电器，用于电动机保护或各种生产机械自动控制。

**3. 热继电器**

（1）定义。热继电器是利用发热元件感受热量而动作的一种保护继电器。热继电器的电路符号如图 1—55 所示。

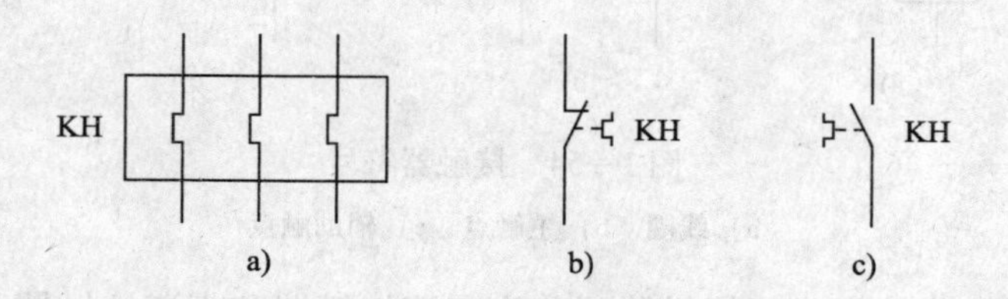


图 1—55 热继电器电路符号

a）热元件 b）常闭触点 c）常开触点

（2）功能和选用。热继电器测量元件通常采用双金属片，即铁镍和铁镍铬合金。流入热元件的电流产生热量，使有不同膨胀系数的双金属片发生形变，当形变达到一定程度时，就推动连杆动作，使控制电路断开，从而使接触器失电，主电路断开，实现电动机的

过载保护。

热继电器作为电动机的过载保护元件，以其体积小、结构简单、成本低等优点在生产中得到广泛应用。

热继电器主要用于保护电动机的过载，因此，选用时必须了解电动机的情况，如工作环境、启动电流、负载性质、工作制、允许过载能力等。

## 六、万用表的使用

### 1. 定义及分类

万用表是电子测试领域最基本的工具，也是一种使用广泛的测试仪器。万用表又叫多用表、三用表（A、V、Ω，即电流、电压、电阻三用）、复用表、万能表。

万用表分为指针式万用表和数字式万用表，现在还多了一种带示波器功能的示波万用表。

### 2. 功能和选用

万用表是一种多功能、多量程的测量仪表，一般万用表可测量直流电流、直流电压、交流电压、电阻和音频电平等，有的还可以测交流电流、电容量、电感量、温度及半导体的一些参数。

指针式与数字式万用表各有优缺点。指针式万用表是一种平均值式仪表，它具有直观、形象的读数指示。数字式万用表是瞬时取样式仪表。有时每次取样结果只是十分相近，并不完全相同，读取结果不如指针式方便。

指针式万用表内部结构简单，所以成本较低，功能较少，维护简单，过流过压能力较强。数字式万用表内部采用了多种振荡、放大、分频保护等电路，所以功能较多，灵敏度高，精确度高，显示清晰，过载能力强，便于携带，使用更简单。

### 3. 正确使用方法

万用表由表笔、表头、测量电路及转换开关等主要部分组成。指针式万用表（见图1—56）使用方法如下：

（1）熟悉表盘上各符号的意义及各个旋钮和选择开关的主要作用。

（2）进行机械调零。

（3）根据被测量的种类及大小，选择转换开关的挡位及量程，找出对应的刻度线。

（4）选择表笔插孔的位置。

（5）测量电压。测量电压（或电流）时要选择好量程，如果用小量程去测量大电压，则会有烧表的危

图1—56　指针式万用表

险；如果用大量程去测量小电压，那么指针偏转太小，无法读数。量程的选择应尽量使指针偏转到满刻度的2/3左右。如果事先不清楚被测电压的大小，应先选择最高量程，然后逐渐减小到合适的量程。

1）交流电压的测量。将万用表的一个转换开关置于交、直流电压挡，另一个转换开关置于交流电压的合适量程上，万用表两表笔和被测电路或负载并联即可。

2）直流电压的测量。将万用表的一个转换开关置于交、直流电压挡，另一个转换开关置于直流电压的合适量程上，且“+”表笔（红表笔）接到高电位处，“-”表笔（黑表笔）接到低电位处，即让电流从“+”表笔流入，从“-”表笔流出。若表笔接反，表头指针会反方向偏转，容易撞弯指针。

（6）测电流。测量直流电流时，将万用表的一个转换开关置于直流电流挡，另一个转换开关置于50 μA～500 mA的合适量程上，电流的量程选择和读数方法与电压一样。测量时必须先断开电路，然后按照电流从“+”到“-”的方向，将万用表串联到被测电路中，即电流从红表笔流入，从黑表笔流出。如果误将万用表与负载并联，则因表头的内阻很小，会造成短路，烧毁仪表。其读数方法如下：实际值=指示值×量程/满偏。

（7）测电阻。用万用表测量电阻时，应按下列方法操作：

1）机械调零。在使用之前，应该先调节指针定位螺丝使电流示数为零，避免不必要的误差。

2）选择合适的倍率挡。万用表欧姆挡的刻度线是不均匀的，所以倍率挡的选择应使指针停留在刻度线较稀的部分为宜，且指针越接近刻度尺的中间，读数越准确。一般情况下，应使指针指在刻度尺的1/3～2/3间。

3）欧姆调零。测量电阻之前，应将2个表笔短接，同时调节“欧姆（电气）调零旋钮”，使指针刚好指在欧姆刻度线右边的零位。如果指针不能调到零位，说明电池电压不足或仪表内部有问题。每换一次倍率挡，都要再次进行欧姆调零，以保证测量准确。

4）读数。表头的读数乘以倍率，就是所测电阻的电阻值。

## 学习单元2　电动机基本知识

### 学习目标

➢掌握直流电动机的特点。

➢掌握三相笼型异步电动机的结构及使用。

➢掌握三相异步电动机的保护环节。

## 知识要求

### 一、直流电动机

**1. 组成和工作原理**

直流电动机是将直流电能转换为机械能的设备。电动机定子提供磁场，直流电源向转子的绕组提供电流，换向器使转子电流与磁场产生的转矩保持方向不变。

直流电动机的组成分为静止的定子和旋转的转子两部分。定子包括主磁极、机座、换向极、电刷装置等，其作用是产生磁场。转子包括电枢铁心、电枢绕组、换向器、轴和风扇等，其作用是产生感应电动势和电磁转矩。

**2. 特点和应用**

（1）调速性能好。所谓“调速性能”，是指电动机在一定负载的条件下，根据需要，人为地改变电动机的转速。直流电动机的最大优点是调速平稳，它可以在重负载条件下实现均匀、平滑的无级调速，而且调速范围较宽，适合调速要求高的场合。

（2）启动力矩大。直流电动机可以均匀而经济地实现转速调节。因此，凡是在重负载下启动或要求均匀调节转速的机械，如大型可逆轧钢机、卷扬机、电力机车、电车等，都用直流电动机拖动。

直流电动机的电源可以直接以直流电输入（一般为 24 V）或以交流电输入（额定电压 110 V/220 V），如果输入的是交流电就得先经转换器转成直流。

### 二、三相交流异步电动机

交流电动机有异步电动机和同步电动机两类，其中笼型异步电动机应用最广泛。

**1. 基本结构**

三相交流异步电动机是一种将电能转化为机械能的电力拖动装置。它主要由定子、转子和它们之间的气隙构成。对定子绕组通入三相交流电源后，产生旋转磁场并切割转子，获得转矩。

三相交流异步电动机具有结构简单、运行可靠、价格便宜、过载能力强及使用、安装、维护方便等优点，被广泛应用于各个领域。

**2. 铭牌**

三相异步电动机的铭牌如图 1—57 所示，主要说明电动机的型号与规格。

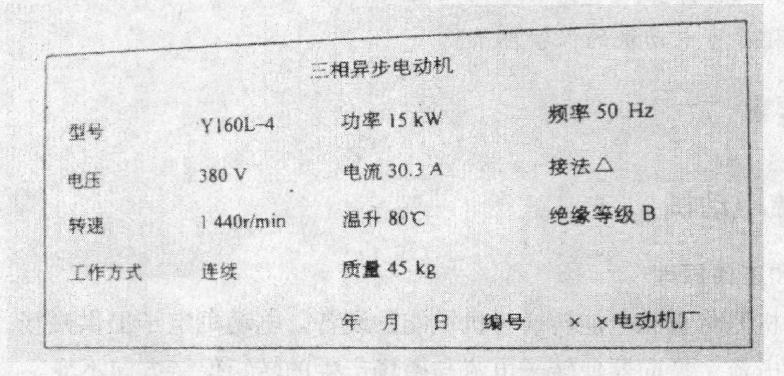


图 1—57　三相异步电动机的铭牌

（1）型号。Y160L－4，Y 代表笼型异步电动机，160 mm 中心高，L 代表长机座，4 代表 4 极电动机。

（2）额定功率。在额定运行情况下，电动机轴上输出的机械功率为 15 kW。

（3）额定电压。在额定运行情况下，外加于定子绕组上的线电压为 380 V。

（4）额定电流。电动机在额定电压下，轴端有额定功率输出时，定子绕组线电流为 30. 3 A。

（5）额定频率。国产的三相异步电动机，其定子绕组的电流频率规定用 50 Hz。

（6）额定转速。在额定功率下运行的转速为 1 440 r/min。

**3. 启动、反转和制动**

（1）启动。三相异步电动机从接通电源开始运转，转速逐渐上升直到稳定运转状态，这一过程称为启动。按照启动方式不同，可以分为直接启动和降压启动。

直接启动的启动电流大，三相异步电动机直接启动的电流约为额定电流的 5 ~ 7 倍。对供电变压器影响较大、容量较大的笼型异步电动机一般都采用降压启动。

降压启动就是将电源电压适当降低后，再加到电动机的定子绕组上进行启动，待电动机启动结束或将要结束时，再使电动机的电压恢复到额定值。这样做的目的主要是减小启动电流，但是因为降压，电动机的启动转矩也将降低。因此，降压启动仅适用于空载或轻载启动。三相笼型异步电动机可直接启动的额定功率通常为 7. 5 kW 以下。

（2）反转。根据电动机原理，只要把接到三相异步电动机的三相交流电源线中的任意两相对调，即可以实现反转。

正反转控制方法主要有以下四种：手动控制、接触器互锁控制、按钮互锁控制和接触器与按钮双重互锁控制。

（3）制动。三相电动机在切断电源后，由于惯性，总要经过一段时间才能完全停止。

有时候要求电动机在断电后能迅速停止运转，这就需要对电动机进行制动。

制动方法大致可分机械制动和电气制动两类。常用的机械制动装置有电磁抱闸和电磁离合器两种。电气制动方法有反接制动、能耗制动、回馈制动和电容制动等。

**4. 保护环节**

三相异步电动机的保护环节可以分为短路保护、过电流保护、热保护、零电压与欠电压保护等。

（1）短路保护。短路保护是由于绝缘损坏、接线错误等原因导致电流从非正常路径流过的现象。瞬时短路电流可能达到电动机额定电流的几十倍甚至上百倍，如果不能及时切断电源，则有可能造成电动机不可修复的损坏，还有可能导致触电、火灾等危险。短路保护应该满足以下要求：一是必须在很短的时间内切断电源；二是当电动机正常启动、制动时，保护装置不应误动作。

常用的短路保护装置有熔断器和断路器。

（2）过电流保护。过电流是指电动机的工作电流超过其额定值，如果时间久了，就会使电动机过热，损坏电动机，因此，需要采取保护措施。

过电流时，电流仍由正常路径流通，其值比短路电流值要小。过电流一般是由于负载过大或是启动不正确。为了避免影响电动机正常工作，过电流保护动作值应该比正常启动电流略大一些。

过电流保护也要求保护装置能瞬时动作。过电流保护一般采用过电流继电器。

（3）热保护。热保护又称长期过载保护。电动机过载是指其工作电流超过额定值使绕组过热。引起过载的原因很多，如负载的突然增加、电源电压降低、电动机轴承磨损等。

过载与过电流类似，但也有差别。主要的不同在于动作效应的不同。过电流是由电磁效应来引发保护装置动作，针对电流的瞬时大小；过载保护则是由电流的热效应，即电流对时间的累积结果来引发保护装置动作。一般情况下同一电路中，过载保护动作电流值要比过电流小，而这两者又均比上面提到的短路保护动作电流值小。值得注意的是，短路保护、过电流保护和过载保护是不能互相代替的。

在使用热继电器作为过载保护的同时，还必须使用熔断器作为短路保护。

（4）零电压保护和欠电压保护。如果电动机在正常工作时突然掉电，那么在电源电压恢复时，就可能自行启动，造成人身事故或机械设备损坏。为防止电压恢复时电动机的自行启动或电气元件自行工作而设置的保护，称为零电压保护。零电压保护元件常采用零电压保护继电器 KHV。

电动机或电气元件在有些应用场合，当电网电压降到额定电压的 60% ~80% 时，就要求能自动切断电源而停止工作，这种保护称为欠电压保护。电动机在电网电压降低时，其转速、转矩都将降低，甚至停转。在负载一定的情况下，电动机电流增大，而其增加幅度还不足以使熔断器和热继电器动作，因此，必须要采取欠电压保护措施。

# 第 7 节　质量管理、安全生产及相关法律法规

## 学习单元 1　质量管理

### 学习目标

➢熟悉企业的质量方针。

➢了解质量管理工作内容。

➢熟悉生产过程中的质量管理。

### 知识要求

### 一、企业的质量方针与质量管理的工作内容

**1. 企业的质量方针**

（1）质量的内涵。质量就是实体满足规定或潜在需要的特性的总和。“实体”对于企业而言，可以是一件产品、一个过程或一项服务。“需要”是指技术规范中规定的或虽未规定但是实体必须达到的要求。

质量的内涵可以认为：质量是一种标准，质量是一种承诺，质量是一种系统。

（2）质量方针的制定。质量方针是“由组织的最高管理者正式发布的该组织的总的质量宗旨和方向”。建立质量方针是企业最高管理者的职能之一。相当多的企业把质量方针作为企业发展的总方针。质量方针是企业所有行为的准则，是企业质量文化的旗帜。

（3）全面质量管理的概念。企业的质量管理是自上而下、分级负责、全员参与的一种系统性活动。全面质量管理，是企业为了保证和提高产品质量，综合运用一整套质量管理

体系、手段和方法所进行的系统管理方法。

全面质量管理的基本理念中，是全员参加，不单是检验部门和技术部门的事。全面质量管理强调产品质量是企业各个部门、各个环节工作的综合反映，产品质量形成于生产活动的全过程。因此，必须使企业的每个人关心产品质量，重视产品质量，并且围绕产品质量做好本职工作。努力使企业的每一个员工都来关心产品质量体现了全员管理的思想。

1987 年由欧美国家成立的国际技术委员会发布了世界上第一个质量管理和质量保证系列国际标准——ISO 9000 系列标准。该标准的诞生是世界范围质量管理和质量保证工作的一个新纪元，对推动世界各国工业企业的质量管理和供需双方的质量保证，促进国际贸易交往起到了很好的作用。

ISO 9000 质量管理体系是一种通用型的质量管理办法，所有的企业都能适用，主要是指整个质量检验过程的一些通用仪器标准和作业方式。国际技术委员会分别于 1994 年、2000 年对 ISO 9000 质量管理标准进行了两次全面的修订。由于该标准吸收国际上先进的质量管理理念，对于产品和服务的供需双方具有很强的实践性和指导性。

标准一经问世立即得到世界各国普遍欢迎，到目前为止世界已有 70 多个国家直接采用或等同转为相应国家标准，有 50 多个国家建立质量体系认证/注册机构，形成了世界范围内的贯标和认证“热”。目前全球已有几十万家工厂企业、政府机构、服务组织及其他各类组织导入 ISO 9000 并获得第三方认证，我国截至 2004 年年底已有超过 13 万家单位通过 ISO 9000 认证。

（4）现代企业管理制度。现代企业制度是指以市场经济为基础，以完善的企业法人制度为主体，以有限责任制度为核心，以公司企业为主要形式，以产权清晰、权责明确、政企分开、管理科学为条件的新型企业制度。而现代计算机技术的发展使当今企业科学化管理达到一个崭新的高度，如 ERP－II、PDM 以及数控网络化数字化生产管理等。

现代企业的计算机管理系统 ERP－II（Manufacture Resource Planning：企业资源计划）对企业生产中心、加工工时、生产能力等方面，在以计算机进行生产安排程序功能的同时，也将财务的功能囊括进来，在企业中形成以计算机为核心的闭环管理系统，这种管理系统已能动态监察到产、供、销的全部生产过程。

PDM 产品数据管理（Product Data Management）是一门用来管理所有与产品相关的信息（包括零件信息、配置、文档、CAD 文件、结构、权限信息等）和所有与产品相关的过程（包括过程定义和管理）的技术。

数控网络化数字化生产管理基于网络化，是 21 世纪制造业的发展方向，数控机床是实现产品最终加工的主要加工设备。数控机床远程控制系统为新一代制造企业提供了数控机床联网、远程控制及 NC 程序治理的全面解决方案，如图 1—58 所示为数控网络化数字化生产管理的示意图。

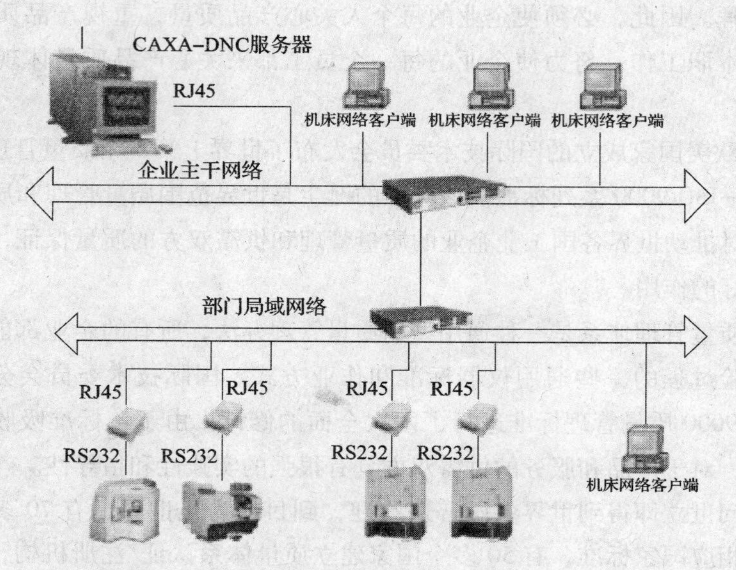


图 1—58　数控网络化数字化生产管理示意图

**2. 班组质量管理的工作内容**

（1）班组长的工作内容和要求。班组是企业组织生产活动的基本作业单位，又是企业管理的基础和一切工作的落脚点，还是培养职工队伍的基本阵地。

班组长是班组职工的当家人，在质量管理方面，对班组长的工作内容的要求主要表现在：负责制订班组全面质量管理工作计划，组织实施检查；负责上级下达的培训任务；负责班组质量信息、技术规程等的管理工作；负责班组各个岗位责任制。

（2）操作人员的工作内容和要求。班组操作人员直接制造了产品。产品质量的好坏，在一定条件下是由每个工人的实际操作决定的。

在质量管理方面，班组操作人员要牢固树立“质量第一”“一切为用户服务”的思想，树立“下道工序就是用户”的观念，在生产工作中做到精益求精，认真领会技术文件，执行自检，保证高质量的产品。

（3）检验人员的工作内容和要求。班组质量检验人员是产品质量的第一把关者，班组制造产品的质量状况及改进与班组质量检验人员有直接的关系。

班组质量检验人员应帮助班组成员提高技术水平和质量意识，协助班组长抓好质量管理，贯彻、执行国家有关全面质量管理的方针、政策，执行各级质量管理的规章

制度。

## 二、生产过程中的质量管理

现场质量管理是质量形成过程中的重要阶段，是对生产现场进行质量管理。

**1. 目标和任务**

现场质量管理的目标，是生产符合设计要求的产品，或提供符合质量标准的服务，即保证和提高符合性质量。

现场质量管理的首要任务可以概括为四个方面：质量缺陷预防、质量维持、质量改进、质量评定。

**2. 质量保证体系**

现场质量保证，就是上道工序向下道工序承担自己所提供的在制品或半成品及服务的质量，满足下道工序在质量上的要求。

建立和健全现场质量保证体系是保证生产现场制造质量稳定合格的关键。建立现场质量保证体系要以系统论的观点为指导，做到程序化、规范化、制度化，要紧紧围绕质量管理的目标来开展工作。

**3. 具体工作内容**

现场工人在质量管理中应该了解所从事的具体工作内容，掌握产品质量波动规律，产品质量波动按照原因不同，可以分成正常波动和异常波动。

（1）正常波动。正常波动是由一些系统因素引起的质量差异，如设备、刀具的正常磨损，材料的微小变化，量具的测量误差等，这些波动是大量的、经常存在的，同时也是不可能避免的。

（2）异常波动。异常波动是由一些偶然因素、随机因素引起的质量差异，如原材料质量不合格、工具过度磨损、机床振动太大等。这些波动带有方向性，质量波动较大，使工序处于不稳定或失控状态，这是质量管理中不允许的波动。

**4. 保证现场质量的方法**

推行标准化作业法和“三检制”，即操作者“自检”、操作者之间“互检”和专职检验员“专检”相结合；加强现场不良品的统计与管理；建立质量管理点；积极开展质量管理小组活动。

# 学习单元 2 安全生产和相关法律法规

## 学习目标

➤掌握安全管理基础知识。

➤掌握作业现场的基本安全知识。

➤掌握电气、机械、防火防爆安全知识。

➤了解相关法律法规。

## 知识要求

### 一、安全生产

#### 1. 安全管理基础知识

(1) 安全生产基本概念和方针。安全泛指没有危险、不受威胁和不出事故的状态。而生产过程中的安全是指不发生工伤事故、职业病、设备或财产损失的情况，也就是指人不受伤害，物不受损失。

(2) 员工在安全生产中的权利和义务。每一位员工在安全生产中都享有权利并承担相应的义务。

1) 权利。享受工伤保险和伤亡求尝权，危险因素和应急措施知情权，安全管理的批评检控权，拒绝违章指挥、强令冒险作业权，紧急情况下的停止作业和紧急撤离权。

2) 义务。遵章守法、服从管理的义务，佩戴和使用劳动防护品的义务，接受培训、掌握安全生产技能的义务，发现事故隐患及时报告的义务。

(3) 正确使用劳动防护用品。劳动防护用品的种类很多，一般生产制造中最常用到的就是安全帽、防护眼镜和面罩、防护手套等。

(4) 安全色、安全线和安全标志

1) 安全色。安全色包括四种颜色，即红色、黄色、蓝色和绿色。红色表示禁止、停止；黄色表示注意、警告；蓝色表示指令；绿色表示通行、安全和提供信息。

2) 安全线。工矿企业中用安全线划分安全区域与危险区域。国家规定安全线用白色或黄色，宽度不小于 60 mm。

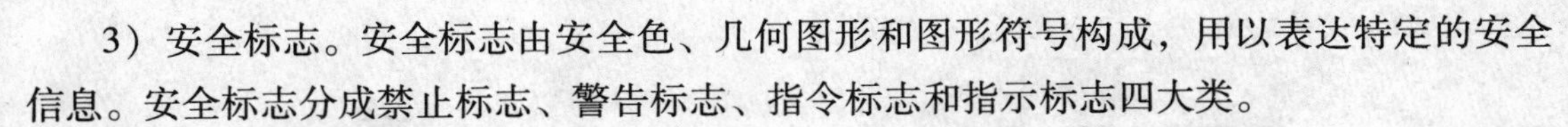


3）安全标志。安全标志由安全色、几何图形和图形符号构成，用以表达特定的安全信息。安全标志分成禁止标志、警告标志、指令标志和指示标志四大类。

**2. 作业现场的基本安全知识**

（1）识别和预防违章操作行为。违章操作行为是指生产过程中违反国家法律和生产经营单位制定的各种章程、规则、条例、办法和制度以及安全生产的通知、决定的行为。

出现违章操作行为的原因是安全技术素质不高，不知道正确的操作方法，或明知道正确的操作方法，但怕麻烦、图省事，而违章操作。如擅自用手代替工具操作、用手清除铁屑等属于违章操作而不属于违反劳动纪律的行为。

（2）杜绝违反劳动纪律的行为。劳动纪律是指在劳动生产过程中，为维护集体利益、保证工作的正常进行而制定的，要求每个员工遵守的规章制度。

在生产作业场所，员工在共同劳动过程中，需要将各个工作有秩序地协调起来，越是现代化的生产，这种严密的协调作用就越明显。劳动纪律是多方面的，它包括组织纪律、工作纪律、技术纪律以及规章制度等。

**3. 电气安全知识**

（1）电气事故分类。按照灾害形式分为人身事故、设备事故、火灾和爆炸事故等；按电路状况分为短路事故、断线事故、接地事故、漏电事故等；按事故基本原因分为触电事故、雷电和静电灾害、射频伤害、电路故障等。

（2）触电事故的类型。触电事故是由于电流的能量造成对人体的伤害。电流对人体的伤害可分成电击和电伤。电击是电流通过人体内部，破坏人体细胞正常工作造成的伤害。电伤是电流的热效应、化学效应或机械效应对人体造成的局部伤害。

（3）常用防直接触电的防护措施

1）绝缘。绝缘就是用绝缘物把带电体封闭起来，防止触及带电体。

2）屏护。屏护是用屏障或围栏防止触及带电体。开关电器的可动部分一般不能包以绝缘体，而需要屏护。

3）间距。保持间距可以防止无意触及带电体。

4）漏电保护装置。利用电气线路或电气设备发生单相接地短路故障时产生的剩余电流来切断故障线路或设备电源而保护电器，即通常所说的漏电保护器。

5）安全电压。就是根据作业场所的特点，采用相应等级的安全电压。属于安全电压的是 42 V、36 V 、24 V、12 V 和 6 V。

（4）安全用电基本要求。车间内的电气设备不要随便挪动。自己使用的设备如果电气部分出了故障，不得私自修理，不能擅自拉动电线，如图 1—59a 所示，也不能带故障运行，应立即请电工检修。

a)

b)

图 1—59　电气安全

a）不得擅自拉动电线　b）灭火器使用不正确

发生电气火灾时，应立即切断电源，用黄沙、二氧化碳灭火器等灭火。切不可用水或泡沫灭火器灭火，因为它们有导电的危险，如图 1—59b 所示。

**4. 机械安全知识**

机械设备在运行过程中存在一定危险，易引发机械伤害事故。

（1）机械设备的危险因素

1）静止状态的危险因素。是指设备处于静止状态时存在的危险，如车刀、铣刀、钻头、锯条等的刺伤、割伤等。

2）直线运动的危险因素。是指直线运动机械所引起的危险，如刨床的刨刀、锯床的带锯等。

3）旋转运动的危险。人体或衣服卷进旋转的主轴、卡盘、砂轮、铣刀等而引起的危险属于旋转运动的危险。

4）其他危险。有振动部件夹住危险、飞出物击伤危险、电气系统的电击危险以及手动工具造成的伤害危险等。

（2）机械伤害类型。如图 1—60 所示，为刺伤与绞伤示意图。

1）绞伤。外露齿轮、带轮等直接绞伤手部，或绞伤人，甚至危及生命。

2）物体打击。旋转的零部件甩出来将人击伤属于物体打击，如车床卡盘钥匙不取下或工件未夹紧而导致飞出伤人。

3）烫伤和刺伤。刚切削的铁屑会造成烫伤。飞出的切屑进入眼睛造成眼睛受伤属于刺伤。车削加工最主要的不安全因素是切屑的飞溅造成的伤害。

（3）常用防护措施

1）安全防护措施。密闭与隔离，将传动装置采用保护罩等；安全联锁，采用联锁装置可使误操作时设备不发生动作，如冲床的冲压与手动按钮的联锁等。

a)

b)

图 1—60　机械伤害

a）刺伤　b）绞伤

2）防止机械伤害的通则。正确维护和使用防护措施；转动部件未停稳不得进行操作，转动部件上方不得放置物品；正确穿戴防护用品；操作站立位置妥当；认真执行操作规程，做好维护保养。

**5. 防火防爆安全知识**

（1）防火防爆守则。应具有一定的防火防爆知识，并严格贯彻执行防火防爆规章制度，禁止一切违章作业。如在工作现场禁止随便动用明火等。

（2）灭火基本方法。灭火的基本方法有隔离法、冷却法和窒息法。将可燃物从着火区搬走是隔离法。冷却法灭火有用水或干冰灭火。用不燃物捂盖燃烧物属窒息法。

## 二、相关法律法规

**1. 知识产权**

（1）工业产权。工业产权即工业所有权。这里的“工业”泛指工业、农业、交通运输、商业等各个产业和技术部门。工业产权主要指专利权与商标权。为保护知识产权，《中华人民共和国反不正当竞争法》规定制止不正当竞争，如打击侵犯他人商业秘密的行为属于制止不正当竞争。

（2）版权。版权又称著作权，是作者依法对自己在科学研究、文化艺术诸方面的著作或作品所享有的专有权利。

（3）高新技术产权。随着科学技术的发展，不断出现新的智力成果，如计算机软件、集成电路、生物工程等高新技术成果，因此，产生了一些新的专门法律，如《保护计算机软件示范条约》《关于集成电路的知识产权条约》等，与数控加工联系最密切的保护高新技术产权问题是我们应该杜绝使用盗版的 CAD/CAM 软件。

**2. 环境保护**

（1）执行《中华人民共和国环境保护法》。环境保护是我国的一项基本国策。企业应根据《中华人民共和国环境保护法》和国务院有关规定，认真执行国家环境保护法律法规及方针、政策和标准，强化环境监督管理，把环境保护纳入本单位经济发展计划，实现经济建设和环境建设同步规划、同步实施、同步发展，做到经济效益、社会效益和环境效益的统一。

（2）执行《工业企业设计卫生标准》。根据《工业企业设计卫生标准》，工业企业的生产区、居住区、废渣堆放场和废水处理场及生活饮用水水源、工业废水和生活污水排放地点，应同时考虑如何选择，并应符合当地建设规划的要求。废气扩散、废水排放、废渣堆置不得污染大气、水源和土壤。

# 第2章

## 工艺准备

# 第 1 节　读图与绘图

## 学习单元 1　基本视图和其他视图

### 学习目标

➢掌握基本视图。

➢掌握剖视图和断面图。

➢熟悉其他表达方法。

### 知识要求

#### 一、基本视图

《机械制图》国家标准中规定，机件表达的基本视图有六个：主视图、俯视图、左视图、右视图、仰视图、后视图，如图 2—1 所示。

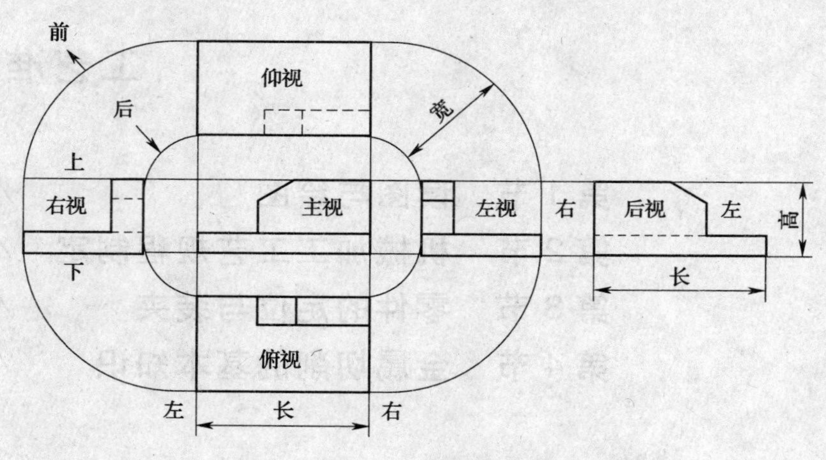


图 2—1　六个基本视图

选择物体的视图表达方案时，应遵循形状特征原则，同时考虑尽可能符合工作位置原则和加工位置原则。选择主视图时，应同时考虑其他视图的选择，各视图应相互配合，互为补充，使表达既完整又全面。

不论机件的形状结构是简单还是复杂，选用的基本视图中都必须要有主视图。在基本视图表达方法中，向视图是可以自由配置的视图。当机件仅用一个基本视图就能将其表达清楚时，这个基本视图为主视图。

## 二、其他视图

### 1. 剖视图

剖视图是假想用剖切面剖开机件，将处在观察者和剖切面之间的部分移去，将其余部分向投影面投影所得的图形。剖视图按零件被剖切范围大小分为全剖视图、半剖视图和局部剖视图。剖视图如图 2—2 所示。

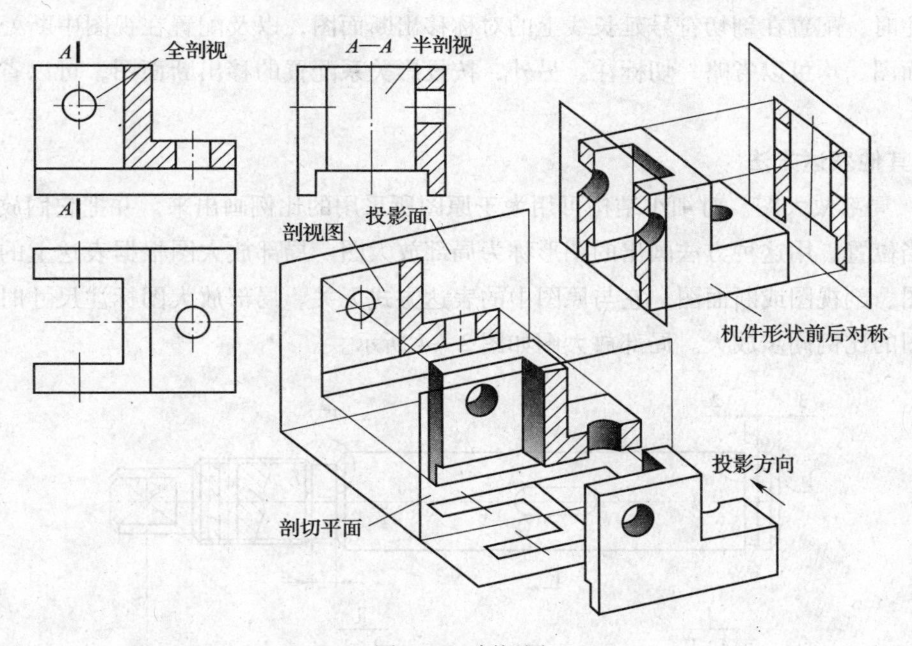


图 2—2　剖视图

在识图时，为能准确找到剖视图的剖切位置和投影关系，剖视图一般需要标注。剖视图的标注有箭头、字母和剖切符号三项内容。同一零件在各剖视图中的剖面线方向和间隔应一致。

当单一剖切平面通过零件的对称平面或基本对称平面，且剖视图按投影关系配置，中间又无其他图形隔开时，可省略标注。

**2. 断面图**

在一般情况下，断面图只画出零件的断面形状，但当剖切平面通过非圆孔、槽时，如果会导致出现完全分离的两个剖面，则这些结构应按剖视画出，如图 2—3 所示。

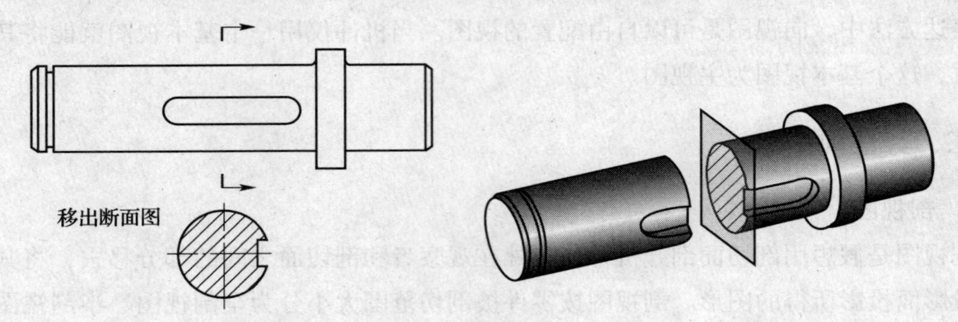


图 2—3　断面图

标注时，配置在剖切符号延长线上的对称移出断面图，以及配置在视图中断处的对称移出断面图，均可以省略一切标注。另外，按投影关系配置的移出断面图，可以省略箭头标注。

**3. 其他表达方法**

（1）局部放大图。对细小结构可用大于原图所采用的比例画出来，并把它们放置在图样的适当位置，用这种方法画出的图形称为局部放大图。局部放大图根据表达上的需要可画成视图、剖视图或断面图，它与原图中的表达方式无关。局部放大图标注尺寸时，不应按放大图的比例同步放大。局部放大图如图 2—4 所示。

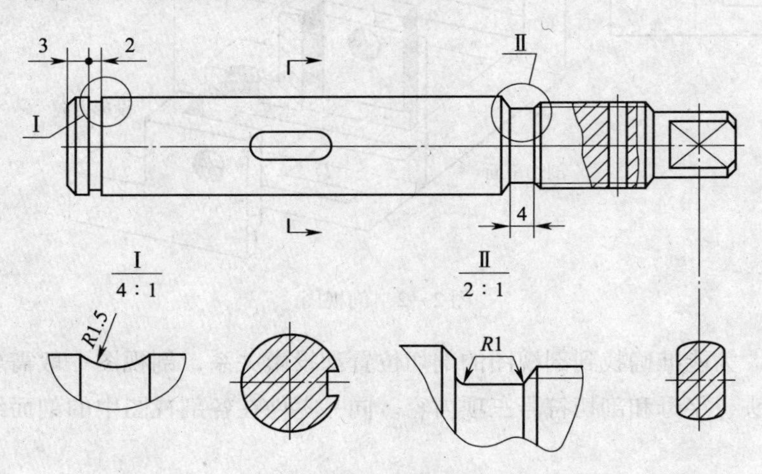


图 2—4　局部放大图

（2）简化画法。制图中对回转体上均匀分布的轮辐、肋、孔的画法，直径相同且成规律分布的孔（圆孔、槽孔和沉孔）的画法，对称画法，较长的机件断开画法等，作了简化画法的规定。

当回转体零件上的平面在图形中不能充分表达时，可用两条相交的细实线表示这些平面，见图2—4轴的右端平面。

又如较长的机件（轴、杆、型材等）沿长度方向的形状一致或按一定规律变化时，可断开后缩短绘制，但必须按照原来的实际长度标注尺寸，如图2—5所示。

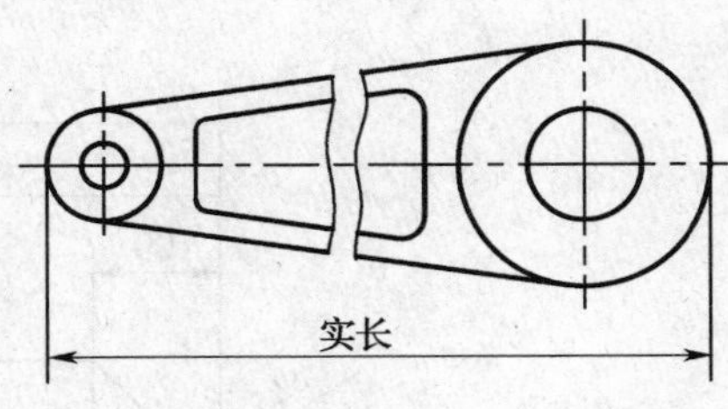

图2—5 断开画法

## 学习单元2 尺寸、公差与表面粗糙度的标注

### 学习目标

➤掌握尺寸基准的选择及合理标注尺寸的原则与方法。
➤熟悉极限与配合的基本术语。
➤掌握极限与配合标准的基本规定。
➤掌握形位误差和形位公差的概念。
➤掌握表面粗糙度的概念。

### 知识要求

## 一、零件图的尺寸标注

**1. 尺寸基准的选择**

基准是机械制造中应用十分广泛的一个概念，机械产品从设计时零件尺寸的标注，制造时工件的定位，校验时尺寸的测量，一直到装配时零部件的装配位置确定等，都要用到基准的概念。基准就是用来确定生产对象上几何关系所依据的点、线或面。

零件尺寸基准选择时，不但要考虑设计的要求，还要考虑加工和测量的方便。有时在同一方向要增加一些尺寸基准，因此，每个方向至少有一个尺寸基准。零件的某个方向可能会有两个或两个以上的基准，一般只有一个是主要基准，其他为次要基准，或称辅助基准。当同一方向出现多个基准时，必须在主要基准与次要基准之间直接标出联系尺寸。

如回转体零件上的直径尺寸，常选用回转体的轴线作为尺寸基准，如图 2—6 所示。又如轴承座零件高度方向的主要基准通常选用底面。

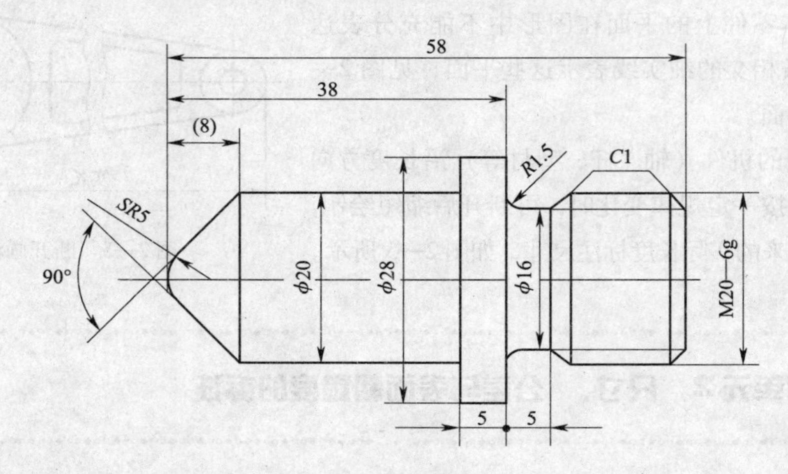


图 2—6　轴类尺寸标注

**2. 合理标注尺寸的原则**

重要尺寸一定要从基准处单独直接标出。零件的重要尺寸一般是指有配合要求的尺寸、影响零件在整个机器中工作精度和性能的尺寸、决定零件装配位置的尺寸。

零件尺寸不要注成封闭的尺寸链。选择开口环的依据是精度要求不高。如图 2—6 所示的长度尺寸右端长度（58 mm − 38 mm = 20 mm）没有标出，为不重要的开口环尺寸。

合理标注尺寸的基本原则如下：

（1）机件的真实大小应以图样上所注的尺寸数值为依据，与图形的大小及绘图的准确度无关。

（2）图样中（包括技术要求和其他说明）的尺寸均以 mm 为单位。

（3）图样中所标注的尺寸，为该图样所示机件的最后完工尺寸，否则应另加说明。

（4）机件的每一尺寸，一般只标注一次，并应标注在反映该结构最清晰的图形上。

**3. 常见尺寸标注方法**

常见尺寸标注的符号或缩写见表 2—1。几点说明如下：

对于螺钉、铆钉的头部，轴（包括螺杆）的端部以及手柄的端部等，在不致引起误解的情况下可省略符号“*S*”；标注参考尺寸时，应将尺寸数字加上圆括弧；标注斜度或锥度时，应与斜度、锥度的方向一致，必要时可在标注锥度的同时，在括号中注出其角度值。

如孔的尺寸标注 5 × $\phi$4，表示五个直径为 4 mm 的光孔；螺孔的标注 3 × M6，表示三个公称直径为 6 mm 的螺孔；退刀槽尺寸标注 2 ×1，表示槽宽 2 mm，槽深 1 mm；不通螺孔，其深度尺寸可以与螺孔直径分开标注。

**表 2—1　　　　常见尺寸标注的符号或缩写**

| 含义 | 符号或缩写 | 含义 | 符号或缩写 | 含义 | 符号或缩写 |
|---|---|---|---|---|---|
| 直径 | $\phi$ | 均布 | EQS | 埋头孔 | ⌵ |
| 半径 | $R$ | 45°倒角 | $C$ | 弧长 | ⌒ |
| 球直径 | $S\phi$ | 正方形 | □ | 斜度 | ∠ |
| 球半径 | $SR$ | 深度 | ↧ | 锥度 | ⊲ |
| 厚度 | $t$ | 沉孔或锪平 | ⊔ | 展开长 | ○→ |

## 二、极限与配合

### 1．尺寸与公差的基本术语（见图 2—7）

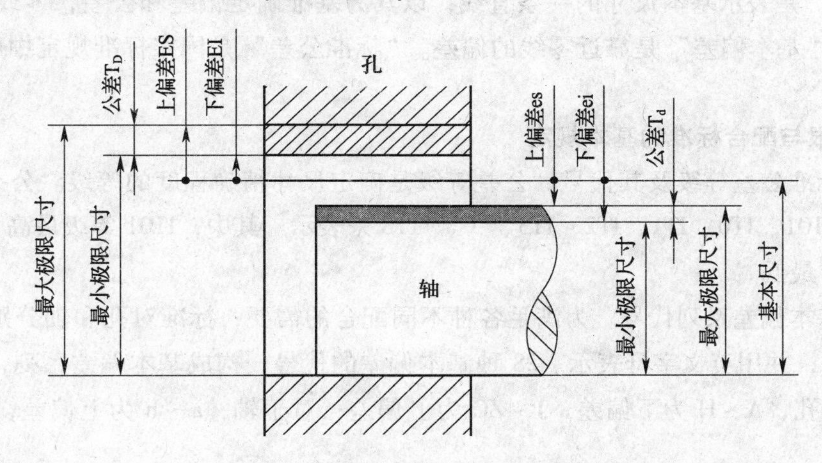


图 2—7　尺寸与公差的术语

（1）孔和轴的定义。“孔”指工件的圆柱形内表面，也包括非圆柱形内表面。其尺寸用 $D$ 表示，孔为包容面。“轴”指工件的圆柱形外表面，也包括非圆柱形外表面。其尺寸用 $d$ 表示，轴为被包容面。

（2）尺寸的定义。“尺寸”是用特定单位表示长度的数字；“基本尺寸（$D$、$d$）”是设计时给定的尺寸；“实际尺寸（$D_a$、$d_a$）”是通过测量所得的尺寸；“极限尺寸（$D_{max}$、$D_{min}$、$d_{max}$、$d_{min}$）”是允许尺寸变化的两个极限值，如图 2—7 所示，即：

孔：$D_{min} \leqslant D_a \leqslant D_{max}$；轴：$d_{min} \leqslant d_a \leqslant d_{max}$

（3）尺寸偏差的定义。某一尺寸减其基本尺寸所得的代数差称为尺寸偏差（简称偏差)。

1) 极限偏差。极限尺寸减去基本尺寸所得的代数差,如图 2—7 所示。

孔:上偏差 $ES = D_{max} - D$,下偏差 $EI = D_{min} - D$。

轴:上偏差 $es = d_{max} - d$,下偏差 $ei = d_{min} - d$。

偏差是以基本尺寸为基数,从偏离基本尺寸的角度来表述有关尺寸的术语。

2) 实际偏差。实际尺寸减基本尺寸所得的代数差。

(4) 公差的定义。"公差"是允许尺寸的变动量,等于最大极限尺寸与最小极限尺寸代数差的绝对值。公差 = 最大极限尺寸 - 最小极限尺寸 = 上偏差 - 下偏差。孔、轴的公差分别用 $T_h$ 和 $T_s$ 表示。

$$T_h = |D_{max} - D_{min}| = |ES - EI| \qquad T_s = |d_{max} - d_{min}| = |es - ei|$$

(5) 公差带的定义。"尺寸公差带"是由代表最大极限尺寸和最小极限尺寸或上偏差和下偏差的两条直线所限定的一个区域。公差带的位置由基本偏差决定。

"零线"是表示基本尺寸的一条直线,以其为基准确定偏差和公差,零线以上为正,以下为负。"基本偏差"是靠近零线的偏差。"标准公差"是国家标准规定中所列的任一公差。

**2. 极限与配合标准的基本规定**

(1) 标准公差等级及其代号。公差等级是确定尺寸精确程度的等级。公差等级分为 20 级,用 IT01、IT0、IT1、IT2、IT3、…、IT18 来表示。其中,IT01 等级最高,然后依次降低,IT18 最低。

(2) 基本偏差系列代号。为满足各种不同配合的需要,标准对孔和轴分别规定了 28 种基本偏差,并用英文字母表示。28 种基本偏差的代号,构成基本偏差系列,如图 2—8 所示。对于孔,A ~ H 为下偏差,J ~ ZC 为上偏差;对于轴,a ~ h 为上偏差,j ~ zc 为下偏差。

(3) 配合的定义。基本尺寸相同,相互结合的孔与轴公差带之间的关系。可分为三类:间隙配合、过盈配合和过渡配合。

1) 间隙配合

①间隙。孔的尺寸减去相配合的轴的尺寸所得的代数差为正值。

②间隙配合。具有间隙(包括最小间隙为零)的配合称为间隙配合。间隙配合的特点是孔的公差带完全在轴的公差带之上,如图 2—9a 所示。

最大间隙 $X_{max} = D_{max} - d_{min} = ES - ei$ 最小间隙 $X_{min} = D_{min} - d_{max} = EI - es$

如:孔 $\phi25$ 上偏差 +0.021、下偏差 0 与轴 $\phi25$ 上偏差 0、下偏差 -0.021 相配合时,其最小间隙是 0,最大间隙为 0.042。

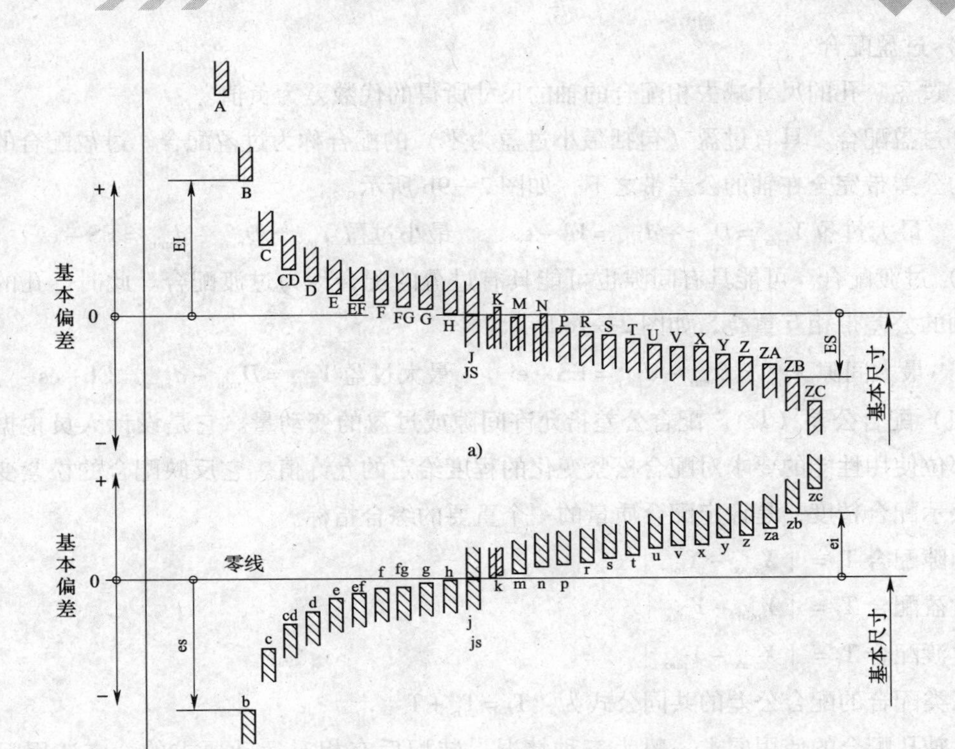


图 2—8 基本偏差系列

a）孔 b）轴

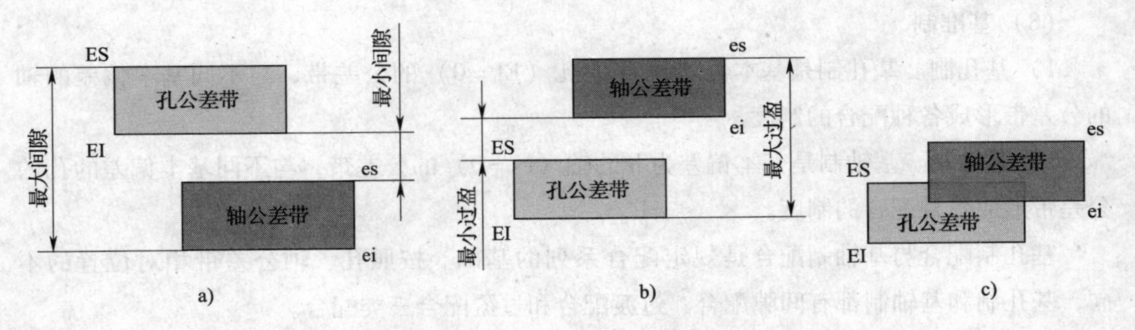


图 2—9 配合的公差带

a）间隙配合 b）过盈配合 c）过渡配合

又如：孔 $\phi25$ 上偏差 +0.021、下偏差 0 与轴 $\phi25$ 上偏差 −0.020、下偏差 −0.033 相配合时，其最大间隙是 0.054，最小间隙为 0.020。

2）过盈配合

①过盈。孔的尺寸减去相配合的轴的尺寸所得的代数差为负值。

②过盈配合。具有过盈（包括最小过盈为零）的配合称为过盈配合。过盈配合的特点是孔的公差带完全在轴的公差带之下，如图 2—9b 所示。

最大过盈 $Y_{max}=D_{min}-d_{max}=EI-es$　　最小过盈 $Y_{min}=D_{max}-d_{min}=ES-ei$

3）过渡配合。可能具有间隙也可能具有过盈的配合称为过渡配合。此时，孔的公差带与轴的公差带相互重叠，如图 2—9c 所示。

最大间隙 $X_{max}=D_{max}-d_{min}=ES-ei$　　最大过盈 $Y_{max}=D_{min}-d_{max}=EI-es$

（4）配合公差（$T_f$）。配合公差指允许间隙或过盈的变动量。它是设计人员根据机器配合部位使用性能的要求对配合松紧变化的程度给定的允许值。它反映配合的松紧变化程度，表示配合精度，是评定配合质量的一个重要的综合指标。

间隙配合 $T_f=|X_{max}-X_{min}|$

过盈配合 $T_f=|Y_{min}-Y_{max}|$

过渡配合 $T_f=|X_{max}-Y_{max}|$

三类配合的配合公差的共同公式为：$T_f=T_h+T_s$

对轴孔配合的使用要求一般为三种情况：装配后有相对运动要求的，应选用间隙配合；装配后需要靠过盈传递载荷的，应选用过盈配合；装配后有定位精度要求或需要拆卸的，应选用过渡配合或小间隙、小过盈的配合。确定配合类别后，应尽可能选用优先配合，其次是常用配合，再次是一般配合。如仍不能满足要求，可按轴、孔公差带组成相应的配合。

（8）基准制

1）基孔制。基孔制是基本偏差为 H 的孔（EI＝0）的公差带，与不同基本偏差的轴的公差带形成各种配合的制度。

2）基轴制。基轴制是基本偏差为 h 的轴（es＝0）的公差带，与不同基本偏差的孔的公差带形成各种配合的制度。

基孔制配合与基轴制配合是规定配合系列的基础。按照孔、轴公差带相对位置的不同，基孔制和基轴制都有间隙配合、过渡配合和过盈配合三类配合。

一般应优先选用基孔制。对于高精度的中小尺寸孔，采用基孔制可减少定值刀具、量具的数量规格。在可以获得明显的经济效益的情况下，选择基轴制。如农机或纺机中，用不需切削加工的冷拉棒材直接作轴；由于结构上的特殊原因，同一基本尺寸的轴上有不同的配合要求。

## 三、形状和位置公差

### 1. 形位公差的概念与标注

（1）形位公差的概念。形状精度是指加工后零件上的点、线、面的实际形状与理论形状的符合程度。形状精度用形状公差来控制，评定形状精度的项目有6项，见表2—2。如直线度公差为实际被测要素对理想直线的允许变动量。

表2—2　　形位公差的分类、项目及符号

| 分类 | 项目 | 符号 |
|---|---|---|
| 形状公差 | 直线度 | — |
| | 平面度 | ▱ |
| | 圆度 | ○ |
| | 圆柱度 | ⌭ |
| | 线轮廓度 | ⌒ |
| | 面轮廓度 | ⌓ |

| 分类 | | 项目 | 符号 |
|---|---|---|---|
| 位置公差 | 定向 | 平行度 | // |
| | | 垂直度 | ⊥ |
| | | 倾斜度 | ∠ |
| | 定位 | 同轴度 | ◎ |
| | | 对称度 | ⌯ |
| | | 位置度 | ⊕ |
| | 跳动 | 圆跳动 | ↗ |
| | | 全跳动 | ⌰ |

位置精度是指加工后零件上的点、线、面的实际位置与理想位置相符合的程度。位置精度用位置公差来控制，评定位置精度的项目有8项，见表2—2。

（2）形位公差的标注。形位公差框格和框格指引线如图2—10a所示。其中，第一格填写公差特征项目符号；第二格填写以毫米为单位表示的公差值和有关符号；第三格填写被测要素的基准所使用的字母和有关符号。

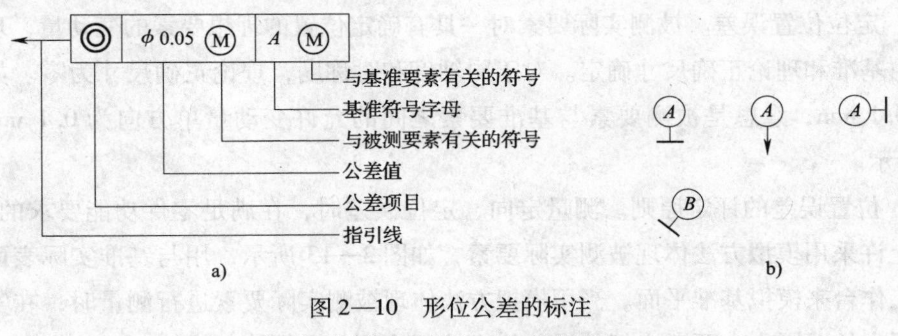


图2—10　形位公差的标注

a）形位公差的标注　b）基准标注

基准符号由带圆圈的英文大写字母用细实线与粗的短横线相连而组成。基准符号引向基准要素时，无论基准符号在图面上的方向如何，其小圆圈中的字母应水平书写，如图2—10b 所示。

**2. 形状误差及其评定**

（1）形状误差。被测实际要素对其理想要素的变动量，理想要素的位置应符合最小条件。所谓最小条件，是被测实际要素对其理想要素的最大变动量为最小。对于中心要素（轴线、中心线、中心面等），其理想要素位于被测实际要素之中，如图 2—11a 所示。对于轮廓要素（线、面轮廓度除外），其理想要素位于实体之外且与被测实际要素相接触，它们之间的最大变动量为最小，如图 2—11b 所示。

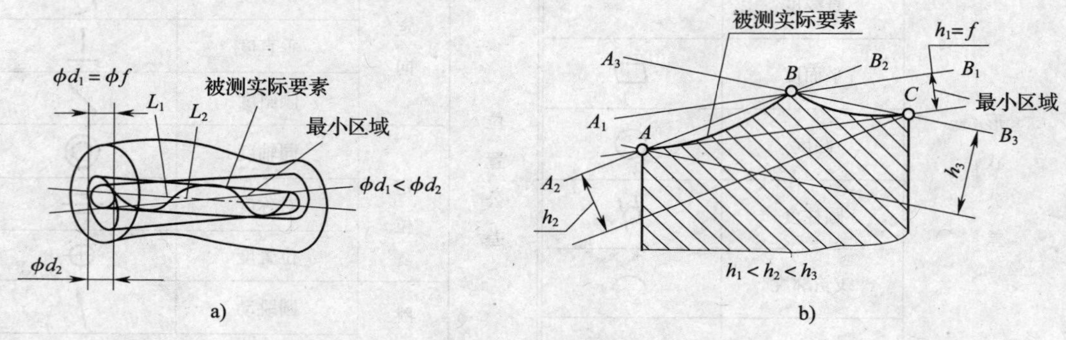


图 2—11　被测实际要素符合最小条件

a）线　b）面

（2）形状误差的评定原则。最小条件是评定形状误差的基本原则。在满足零件功能要求的前提下，允许采用近似方法来评定形状误差。

**3. 位置误差及其评定**

（1）定向位置误差。被测实际要素对一具有确定方向的理想要素的变动量，理想要素的方向由基准确定。

（2）定位位置误差。被测实际要素对一具有确定位置的理想要素的变动量，理想要素的位置由基准和理论正确尺寸确定。对于同轴度和对称度，理论正确尺寸为零。如对称度公差为 0.1 mm，意思是被测要素与基准要素之间的允许变动量单方向为 0.1 mm，如图2—12 所示。

（3）位置误差的评定原则。测量定向、定位误差时，在满足零件功能要求的前提下，按需要允许采用模拟方法体现被测实际要素，如图 2—13 所示，用与基准实际表面接触的平板或工作台来模拟基准平面。当用模拟方法体现被测实际要素进行测量时，在实测范围内和所要求的范围内，两者之间的误差值可按正比例关系折算。

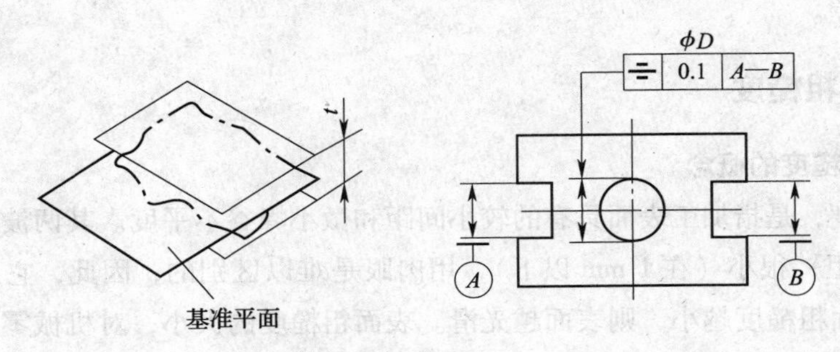


图 2—12　对称度公差带

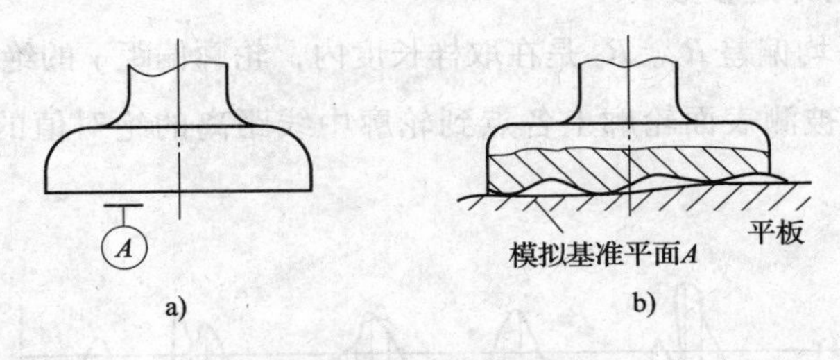


图 2—13　模拟基准平面

a）被测工件　b）模拟基准平面

**4. 形位公差值的选用**

形位公差值决定了形位公差带的宽度或直径，是控制零件制造精度的直接指标。合理确定形位公差值，可以保证产品功能，提高产品质量，降低制造成本。

形位公差值的确定方法有类比法和计算法，通常采用类比法。具体结合已确定的公差等级进行查取。一般情况下，同一要素上给定的形状公差值应小于定向和定位公差值；同一要素的定向公差值应小于其定位公差值；位置公差值应小于尺寸公差值。

即：尺寸公差 > 位置公差 > 形状公差 > 表面粗糙度。

如某平面的平面度公差值应小于该平面对基准的平行度公差值；而其平行度公差值应小于该平面与基准间的尺寸公差值。同要素的圆度公差比尺寸公差小。

对同一基准或基准体系，跳动公差具有综合控制的性质，因此，回转表面及其素线的形状公差值和定向、定位公差值均应小于相应的跳动公差值。同时，同一要素的圆跳动公差值应小于全跳动公差值。

综合性的公差应大于单项公差。如圆柱表面的圆柱度公差可大于或等于圆度公差、素线和轴线的直线度公差；平面的平面度公差应大于或等于平面的直线度公差；径向全跳动公差应大于径向圆跳动公差、圆度公差、圆柱度公差、素线和轴线的直线度公差，以及相应的同轴度公差。

## 四、表面粗糙度

### 1. 表面粗糙度的概念

表面粗糙度，是指加工表面具有的较小间距和微小峰谷不平度。其两波峰或两波谷之间的距离（波距）很小（在 1 mm 以下），用肉眼是难以区别的，因此，它属于微观几何形状误差。表面粗糙度越小，则表面越光滑。表面粗糙度的大小，对机械零件的使用性能有很大的影响，表面粗糙度高度参数值的单位是 μm。

### 2. 表面粗糙度的评定参数

（1）轮廓算术平均偏差 $R_a$。$R_a$ 是在取样长度内，轮廓偏距 $y$ 的绝对值的算术平均值。也就是在取样长度内被测表面轮廓上各点到轮廓中线距离的绝对值的算术平均值，如图 2—14 所示。

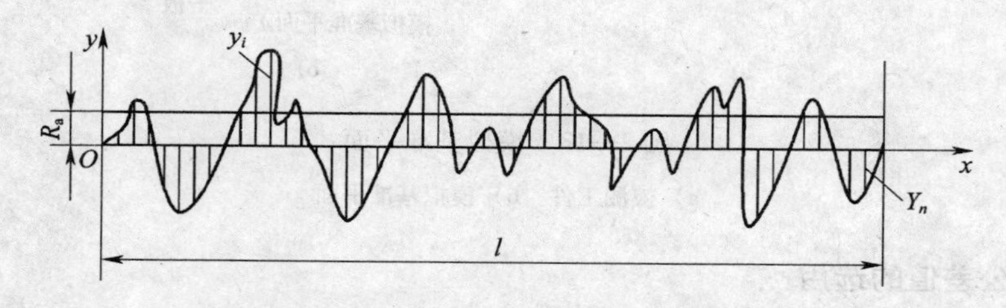


图 2—14　轮廓算术平均偏差 $R_a$

$R_a$ 越大，表面越粗糙。$R_a$ 参数能充分反映表面微观几何形状高度方面的特性，且测量方便，因而标准推荐优先选用 $R_a$。

轮廓算术平均偏差 $R_a$ 系列值数值常用范围为 0.025 ~ 6.3 μm，见表 2—3。

表 2—3　　轮廓算术平均偏差 $R_a$ 系列值　　μm

| | | |
|---|---|---|
| | 0.2 | |
| 0.012 | 0.4 | 12.5 |
| 0.025 | 0.8 | 25 |
| 0.050 | 1.6 | 50 |
| 0.100 | 3.2 | 100 |
| | 6.3 | |

（2）微观不平度十点高度 $R_z$。$R_z$ 是在取样长度内五个最大的轮廓峰高（$y_{pi}$）的平均值与五个最大的轮廓谷深（$y_{vi}$）的平均值之和，如图 2—15 所示。

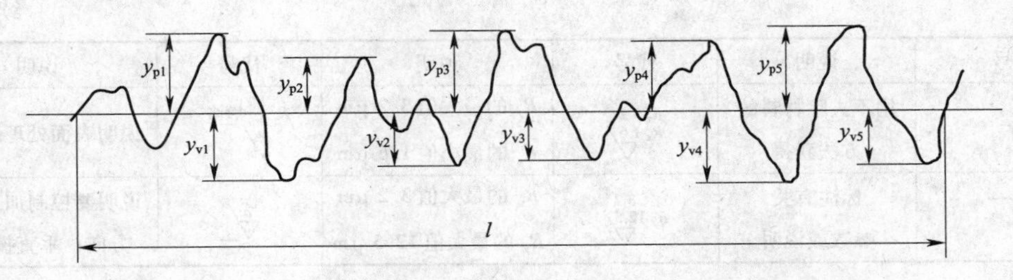


图 2—15　微观不平度十点高度 $R_z$

$R_z$ 越大，表面越粗糙。因测点少，$R_z$ 不能充分反映表面状况，但是 $y_p$、$y_v$ 值易在光学仪器上量取，且计算简便，故应用较多。

（3）轮廓最大高度 $R_y$。$R_y$ 是在取样长度内，轮廓峰顶线和轮廓谷底线之间的距离，如图 2—16 所示。

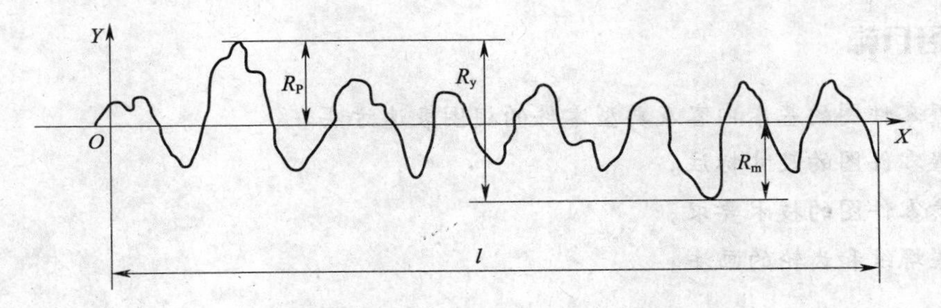


图 2—16　轮廓最大高度 $R_y$

$R_y$ 常用于不允许有较深加工痕迹的表面，如受交变应力的表面，或因表面很小不宜采用 $R_a$、$R_z$ 评定的表面。

**3. 表面粗糙度的代号与标注**

国家标准对表面粗糙度的符号、代号及标注都作了规定，其中 $R_a$ 只标数值，可以省略“$R_a$”，$R_y$、$R_z$ 则数值、代号都标，表面粗糙度可同时标出上、下限参数值，也可只标上限参数值。具体有关说明与举例见表 2—4。

**表 2—4　　表面粗糙度的符号、代号及标注**

| 符号 | 说明 | 代号 | 说明 | 代号 | 说明 |
|---|---|---|---|---|---|
| 2H H 60° 60° d′ | 基本符号 | 3.2 | $R_a$ 的最大值 3.2 μm | a 2.5 | 指定取样长度：2.5 |
|  | 用去除材料的方法获得 | 3.2 1.6 | $R_a$ 的最大值 3.2 μm<br>$R_a$ 的最小值 1.6 μm | 铣 a | 制定加工方法：铣 |

续表

| 符号 | 说明 | 代号 | 说明 | 代号 | 说明 |
|---|---|---|---|---|---|
| ∅√ | 用不去除材料的方法获得 | $R_z$ 3.2<br>$R_z$ 1.6 | $R_z$ 的最大值3.2 μm<br>$R_z$ 的最小值1.6 μm | 镀铬 | 说明表面处理后获得 |
| √‾ | 标注有关参数或说明 | 3.2<br>$R_z$ 12.5 | $R_a$ 的最大值3.2 μm<br>$R_z$ 的最大值12.5 μm | a ⊥ | 说明要控制加工纹理方向：垂直投影面 |

## 学习单元3　零件图的画法

### 学习目标

- 掌握零件图的基本内容及典型零件的视图表达方法。
- 掌握零件图的尺寸标注。
- 熟悉零件图的技术要求。
- 掌握螺纹和齿轮的画法。

### 知识要求

#### 一、零件图的基本内容

零件图是用来表示零件的结构形状、大小及技术要求的图样。一张完整的零件图应包括以下四部分内容：一组视图、完整的尺寸、必要的技术要求和标题栏，如图2—17所示。

**1. 典型零件的视图表达方法**

一般应把最能反映零件形状结构特征的方向确定为主视图的投影方向。对于某些零件，可按其在机械加工时所处的位置画出主视图，这样在加工时便于看图。

对主视图表达未完全的部分，再选择其他视图予以完善表达。

**2. 零件图的尺寸标注**

零件图上的尺寸用于零件的制造、检验、装配。它是加工和检验零件的重要依据。在零件图上标注尺寸必须做到完整、正确、清晰和合理。每一个零件一般应有三个方向的尺寸基准。

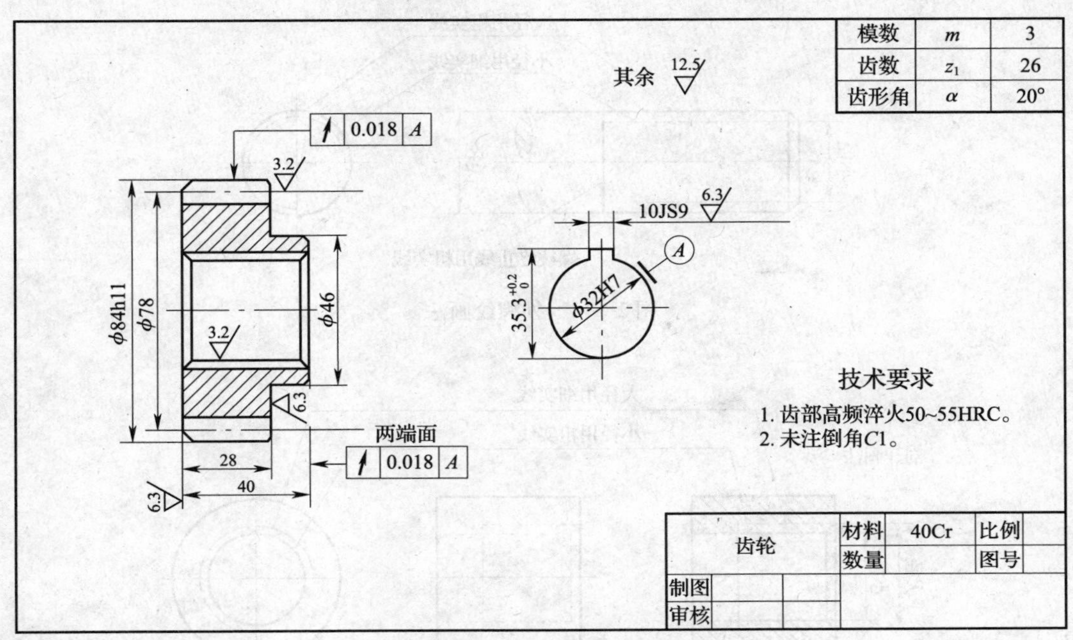


图 2—17　齿轮零件图

**3. 零件图的技术要求**

零件图的技术要求是指表面粗糙度、尺寸公差和形位公差、热处理或表面处理，还有倒角、倒圆等。零件的每一个表面都应该有表面粗糙度要求，并且应在图样上用代（符）号标注出来。

**4. 标题栏的填写**

标题栏用来填写零件的名称、材料、数量、代号、比例及图样的责任者签名等内容。

## 二、螺纹与齿轮的画法

**1. 螺纹的画法**

（1）外螺纹。国标规定，螺纹的牙顶（大径）及螺纹的终止线用粗实线表示，牙底（小径）用细实线表示。在平行于螺杆轴线的投影面的视图中，螺杆的倒角或倒圆部分也应画出；在垂直于螺纹轴线的投影面的视图中，表示牙底的细实线圆只画约 3/4 圈，此时螺纹的倒角规定省略不画，如图 2—18 所示。

（2）内螺纹。图 2—19 是内螺纹的画法。剖开表示时牙底（大径）为细实线，牙顶（小径）及螺纹终止线为粗实线。不剖开表示时牙底、牙顶和螺纹终止线皆为细虚线。在垂直于螺纹轴线的视图中，牙底仍然画成约为 3/4 圈的细实线，并规定螺纹的倒角也省略不画。

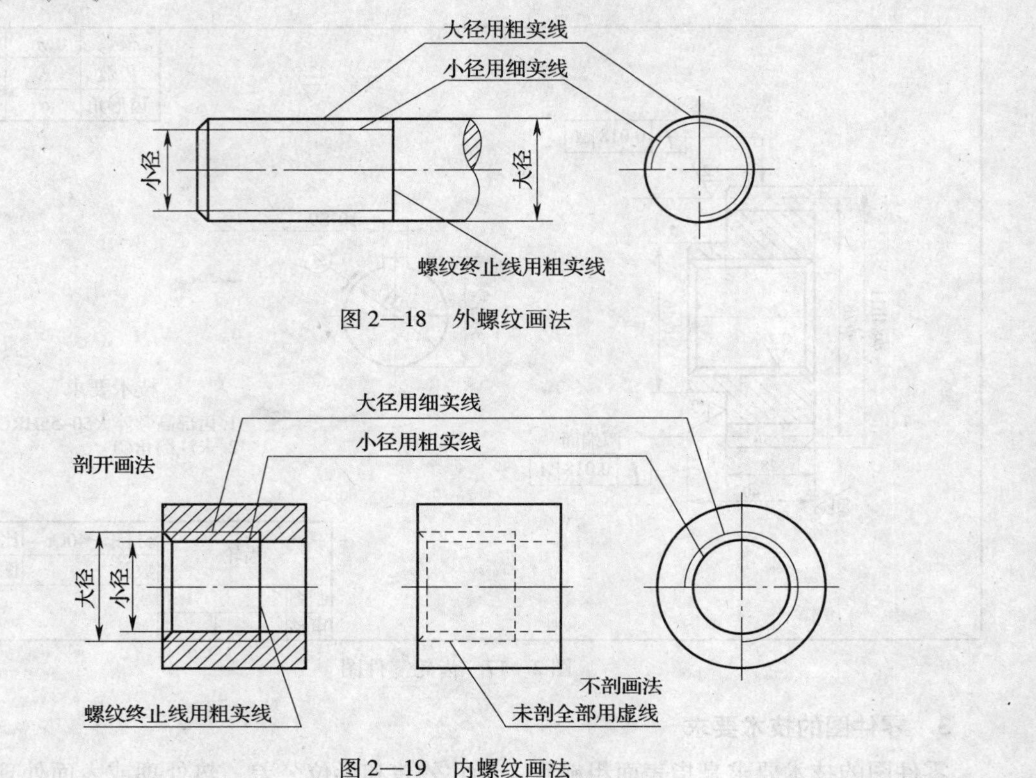


图 2—18 外螺纹画法



图 2—19 内螺纹画法

绘制不穿通的螺孔时，一般应将钻孔的深度和螺纹部分的深度分别画出，如图 2—20a 所示。当需要表示螺纹收尾时，螺纹尾部的牙底用与轴线成 30°角的细实线表示，如图 2—20b 所示。图 2—20c 表示螺纹孔中相贯线的画法。

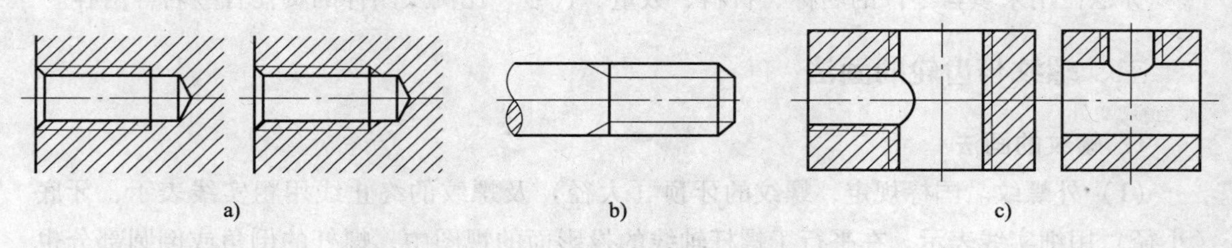


图 2—20 螺纹的画法

a）不通螺孔的画法 b）螺纹收尾的画法 c）螺纹孔中相贯线的画法

（3）内、外螺纹连接的画法。图 2—21 表示装配在一起的内、外螺纹连接的画法。国标规定，在剖视图中表示螺纹连接时，其旋合部分应按外螺纹的画法表示，非旋合部分仍按各自的画法表示。不管是内螺纹还是外螺纹，其剖视图或断面图上的剖面线都必须画到粗实线。

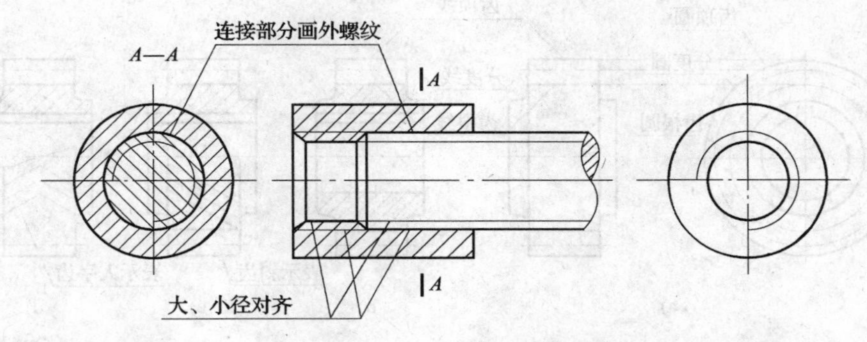


图 2—21　内、外螺纹连接的画法

（4）普通螺纹的标注（见图 2—22）。标注内容为：

特征代号　公称直径 × 螺距　旋向—中径、顶径公差带代号

特征代号：M。

单线粗牙螺纹只标公称直径，单线细牙螺纹标公称直径 × 螺距。

旋向：分为右旋、左旋，右旋不标注，左旋用 LH 表示。

螺纹中径、顶径公差带代号：由表示公差等级的数字和表示公差带位置的字母所组成。

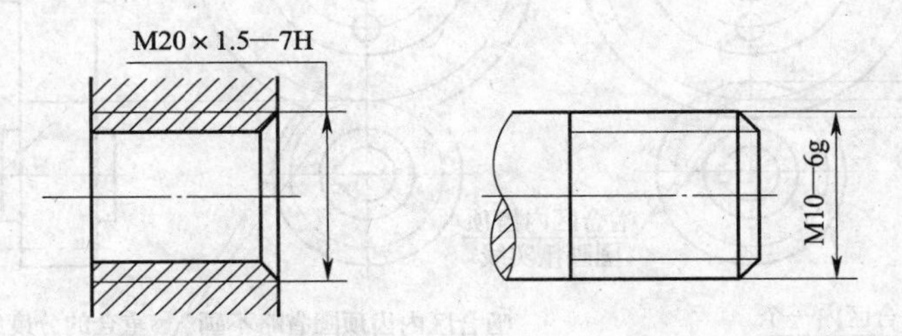


图 2—22　普通螺纹的标注

**2. 齿轮的画法**

（1）单个齿轮的画法。齿轮的轮齿是在专用的机床上加工出来的，一般不必画出其真实投影。国家标准规定了齿轮的画法，如图 2—23 所示。

轮齿部分的齿顶圆和齿顶线用粗实线绘制，轮齿部分的分度圆和分度线用细点画线绘制，齿根圆和齿根线用细实线绘制，如图 2—23a 所示。

在剖视图中，当剖切平面通过齿轮的轴线时，轮齿一律按不剖处理，齿根线用粗实线绘制，如图 2—23b 所示。

如斜齿轮或人字齿轮，当需要表示齿线的特征时，可用三条与齿线方向一致的细实线表示，如图 2—23c、d 所示。

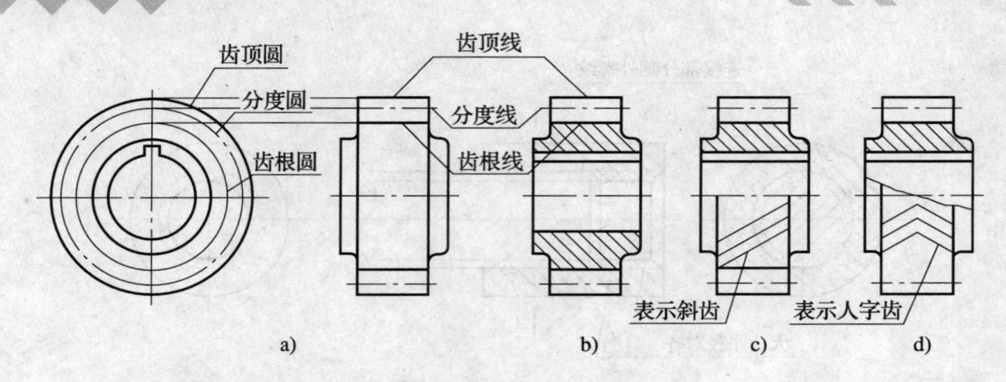


图 2—23　单个齿轮的画法

a）直齿轮　b）直齿剖切　c）斜齿剖切　d）剖切

（2）齿轮啮合的画法。两个标准圆柱齿轮相互啮合时，其分度圆相切，标准画法如图 2—24 所示。

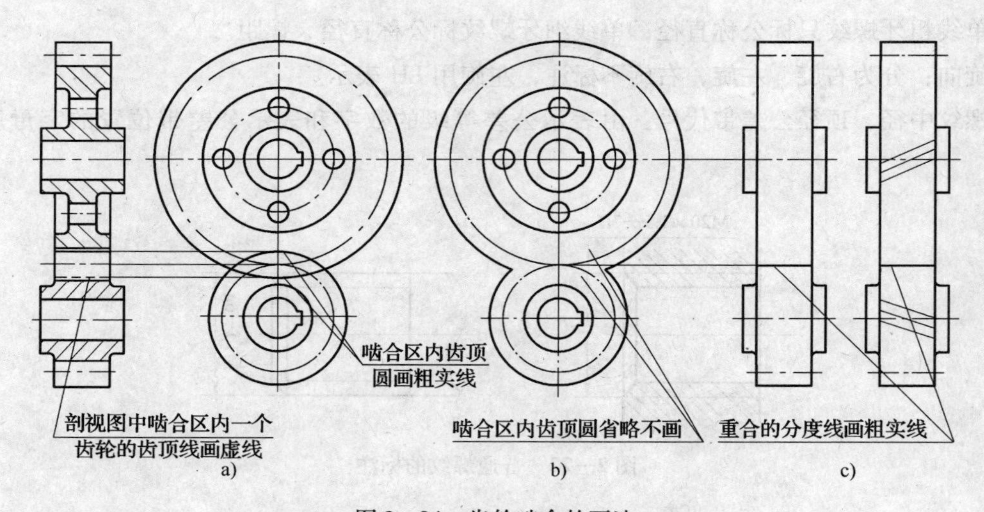


图 2—24　齿轮啮合的画法

a）规定画法　b）省略画法　c）外形视图（直齿、斜齿）

在表示齿轮端面的视图中，啮合区内的齿顶圆均用粗实线绘制（也可省略不画）；但相切的两分度圆须用点画线画出，两齿根圆不画。若不作剖视，则啮合区内的齿顶线不画，分度线用粗实线绘制。在剖视图中，齿顶与齿根之间应有间隙，被遮挡的齿顶线画细虚线（也可省略不画）。

（3）单个齿轮零件图的标注。单个直齿圆柱齿轮的零件图如图 2—17 所示。齿轮零件图中除了按标准画法绘制外，还要标注主要的参数。轮齿各部分的尺寸关系，齿轮的模数 $m$ 和齿数 $z$ 确定后，按照与 $m$ 的比例关系，可算出轮齿部分的各基本尺寸，见表 2—5。

表 2—5 齿轮主要参数的计算

| 名称 | 代号 | 计算公式 |
| --- | --- | --- |
| 模数 | $m$ | $m=d/z$，取标准值 |
| 齿顶高 | $h_a$ | $h_a=m$ |
| 齿根高 | $h_f$ | $h_f=1.25m$ |
| 齿高 | $h$ | $h=h_a+h_f=2.25m$ |
| 分度圆直径 | $d$ | $d=mz$ |
| 齿顶圆直径 | $d_a$ | $d_a=d+2h_a=m(z+2)$ |
| 齿根圆直径 | $d_f$ | $d_f=d-2h_f=m(z-2.5)$ |
| 中心距 | $a$ | $a=(d_1+d_2)/2=m(z_1+z_2)/2$ |

# 第 2 节 机械加工工艺规程制定

## 学习单元 1 基本概念

### 学习目标

➢了解工艺过程的组成。

➢熟悉生产类型。

➢掌握工艺特征。

➢熟悉毛坯的选择。

### 知识要求

## 一、生产过程和工艺过程

生产过程是指从原材料（或半成品）制成产品的全部过程。对机器生产而言包括原材料的运输和保存，生产的准备，毛坯的制造，零件的加工和热处理，产品的装配及调试，油漆和包装等内容。生产过程的内容十分广泛，现代企业用系统工程学的原理和方法组织生产和指导生产，将生产过程看成是一个具有输入和输出的生产系统，能使企业的管理科学化，使企业更具应变力和竞争力。

在生产过程中，直接改变原材料（或毛坯）的形状、尺寸和性能，使之变为成品的过程，称为工艺过程。它是生产过程的主要部分。例如毛坯的铸造、锻造和焊接，改变材料性能的热处理，零件的机械加工等，都属于工艺过程。工艺过程又是由一个或若干个顺序排列的工序组成的。

## 二、工艺过程的组成

### 1. 工序

工序是工艺过程的基本组成单位。所谓工序是指在一个工作地点，对一个或一组工件连续完成的那部分工艺过程。构成一个工序的主要特点是不改变加工对象、设备和操作者，而且工序的内容是连续完成的。工序的定义，强调的是工作地点固定与工作连续。

### 2. 安装

在同一道工序中，工件可能要经过几次安装。工件在一次装夹中所完成的那部分工序称为安装。如阶梯轴的加工过程中“掉头继续车削”属于变换了一个安装。

### 3. 工步

一道工序中，可能要加工若干个表面；也可能虽只加工一个表面，却要用若干种不同切削用量分若干次加工。在加工表面和切削用量都不变的情况下所完成的那一部分工艺过程，即称为一个工步。为了提高生产效率，用几把刀具同时加工工件上的几个表面，称为复合工步，在工艺文件上复合工步应当作为一个工步。

### 4. 工位

在机械加工中，一个工件在同一时刻只能占据一个工位。

## 三、生产纲领与生产类型

### 1. 生产纲领

生产纲领是指企业在计划期间应当生产的产品产量和进度计划。计划期常为一年，所以生产纲领常称为年产量。零件的生产纲领越大，其毛坯制造越应该提高精度，以减少机械加工的工作量。

对于零件而言，产量除了制造机器所需要的数量之外，还要包括一定的备品和废品，因此，零件的生产纲领应按下式计算：

$$N = Qn(1 + a\%)(1 + b\%)$$

式中 $N$——零件的年产量，件/年；

$Q$——产品的年产量，台/年；

$n$——每台产品中该零件的数量，件/台；

$a\%$——该零件的备品率，备品百分率；

$b\%$——该零件的废品率，废品百分率。

**2. 生产类型**

生产类型按批量通常分为三类，批量是指每批投入制造的零件数。

（1）单件生产。单个地生产某个零件，很少重复地生产。单件小批生产的特征是毛坯粗糙，工人技术水平要求高。单件生产时，应尽量利用现有的通用设备和工具。

（2）成批生产。成批地制造相同的零件的生产。成批生产的特点是工件的数量较多，成批地进行加工，并会周期性地重复生产。成批生产中，广泛采用专用夹具。

（3）大量生产。当产品的制造数量很大，大多数工作地点经常是同一工作地长期地重复进行一种零件的某一工序的生产。

拟定零件的工艺过程时，由于零件的生产类型不同，所采用的加工方法、机床设备、工夹量具、毛坯及对工人的技术要求等都有很大的不同。

## 四、毛坯的选择

**1. 零件的材料及力学性能要求**

零件材料的工艺特性和力学性能大致决定了毛坯的种类。如铸铁零件用铸造毛坯；钢质零件当形状较简单且力学性能要求不高时常用棒料，对于重要的钢质零件，为获得良好的力学性能，应选用锻件，当形状复杂、力学性能要求不高时用铸钢件有色金属零件常用型材或铸造毛坯。

**2. 零件的结构形状与外形尺寸**

大型且结构较简单的零件毛坯多用砂型铸造或自由锻；结构复杂的毛坯多用铸造，如制造一个形状较复杂的箱体时，常采用的毛坯是铸件。小型零件可用模锻件或压力铸造毛坯；板状钢质零件多用锻件毛坯。轴类零件的毛坯，若台阶直径相差不大，可用棒料型材；若各台阶尺寸相差较大，要求较高且形状复杂，则宜选择锻件。

根据工艺需要，一般在铸造件上某些地方增加一些凸台，俗称工艺搭子，主要是为了保证在加工过程中的定位和夹紧方便。工艺搭子在零件加工完毕后，一般不能保留在零件上。

**3. 生产纲领的大小**

大批大量生产中，应采用精度和生产效率都较高的毛坯制造方法。铸件采用金属模机器造型和精密铸造，锻件采用模锻或精密锻造。在单件小批生产中用木模手工造型或自由锻来制造毛坯。

**4. 现有生产条件**

确定毛坯时，必须结合具体的生产条件，如现场毛坯制造的实际水平和能力、外协的可能性等，否则就不能实现。

**5. 充分利用新工艺、新材料**

为节约材料和能源，提高机械加工生产效率，应充分考虑精密铸造、精锻、冷轧、冷挤压、粉末冶金、异型钢材及工程塑料等在机械中的应用，这样可大大减少机械加工量，甚至不需要进行加工，经济效益非常显著。

## 学习单元2 定位基准的选择

### 学习目标

- 掌握基准分类。
- 掌握定位基准面。
- 掌握粗、精基准的选择。

### 知识要求

## 一、基准及其分类

机械零件是由若干个表面组成的，研究零件表面的相对关系，必须确定一个基准，基准是用来确定生产对象上几何关系所依据的点、线、面。根据基准的不同功能，基准可分为设计基准和工艺基准两类。

**1. 设计基准**

在零件图上用以确定其他点、线、面位置的基准，称为设计基准。如图 2—25a 所示轴套零件，各外圆和内孔的设计基准是零件的轴线，端面 $C$ 是端面 $A$、$B$ 的设计基准，内孔的轴线是外圆径向跳动的基准。

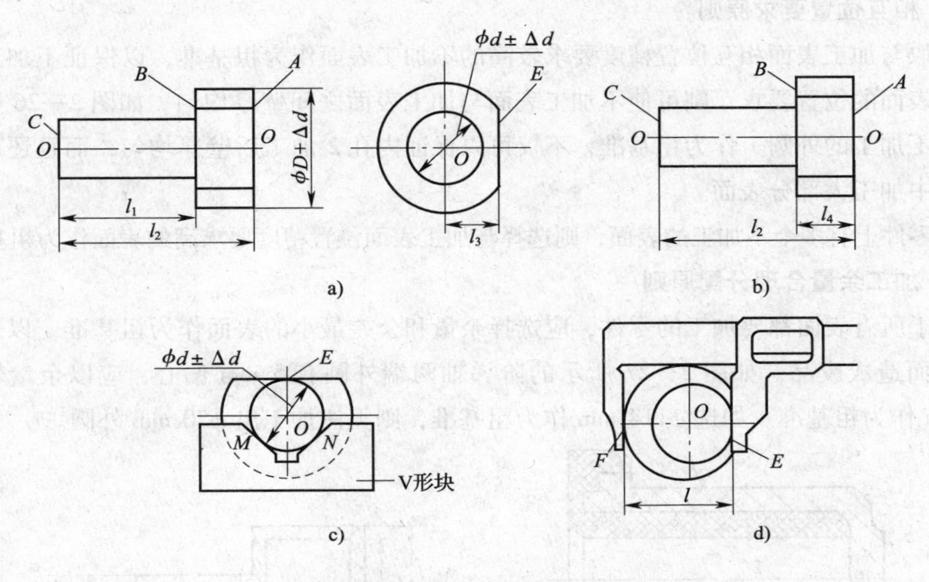


图 2—25　基准分类

a）设计基准　b）工序基准　c）定位基准　d）测量基准

**2. 工艺基准**

零件在加工和装配过程中所使用的基准称为工艺基准。在每一工序中确定加工表面的尺寸、形状和位置所依据的基准称为工序基准，如图 2—25b 所示加工端面 $B$、$C$ 的工序基准为 $A$。工序基准、工艺基准按用途不同又分为装配基准、定位基准及测量基准。

（1）装配基准。装配时用以确定零件在部件或产品中的位置的基准，称为装配基准。

（2）定位基准。定位基准是用以确定加工表面与机床或夹具相互关系的基准。加工时工件定位所用的基准就是定位基准，如图 2—25c 所示，加工 $E$ 面的定位基准为圆周面接触点 $M$、$N$ 点。

（3）测量基准。用以检验已加工表面的尺寸及位置的基准称为测量基准。如轴套零件中，内孔轴线是检验外圆径向跳动的测量基准；一端面是检验长度尺寸的测量基准。如图 2—25c 所示，测量 $E$ 面的测量基准为 $F$ 点。

## 二、粗基准的选择

对毛坯开始进行机械加工时，第一道工序只能以毛坯表面定位，这种基准面称为粗基准。粗基准的两个基本要求是：保证所有加工表面都具有足够的加工余量，保证零件加工表面和不加工表面之间具有一定的位置精度。其选择原则如下：

**1. 相互位置要求原则**

选取与加工表面相互位置精度要求较高的不加工表面作为粗基准，以保证不加工表面与加工表面的位置要求，则可使不加工表面与加工表面之间壁厚均匀。如图 2—26 所示套筒，以不加工的外圆 1 作为粗基准，不仅可以保证内孔 2 加工后壁厚均匀，而且还可在一次装夹中加工大部分表面。

如零件上有多个不加工的表面，则选择与加工表面位置精度要求高的表面作为粗基准。

**2. 加工余量合理分配原则**

对于所有表面都要加工的零件，应选择余量和公差最小的表面作为粗基准，以避免余量不足而造成废品。如图 2—27 所示的阶梯轴两端外圆有 5 mm 偏心，应以余量较小的 $\phi58$ mm 作为粗基准。如选 $\phi114$ mm 作为粗基准，则无法加工出 $\phi50$ mm 外圆。

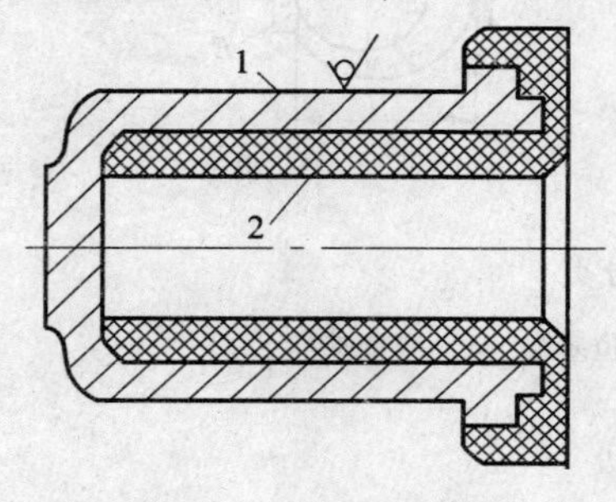


图 2—26 套筒粗基准的选择

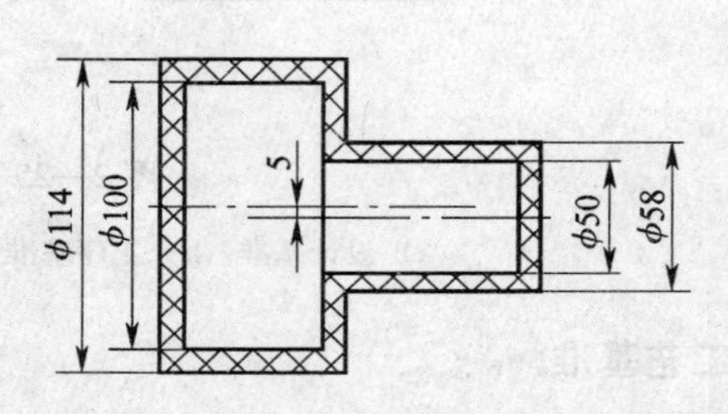


图 2—27 阶梯轴的粗基准选择

**3. 重要表面原则**

为保证重要表面的加工余量均匀，应选择重要加工面为粗基准。图 2—28 所示为床身导轨加工，为了保证导轨面加工余量小而均匀，应先选择导轨面为粗基准，加工与床脚的连接面，如图 2—28a 所示。然后再以连接面为精基准，加工导轨面，如图 2—28b 所示。这样才能保证导轨面加工时被切去的金属尽可能薄而且均匀。

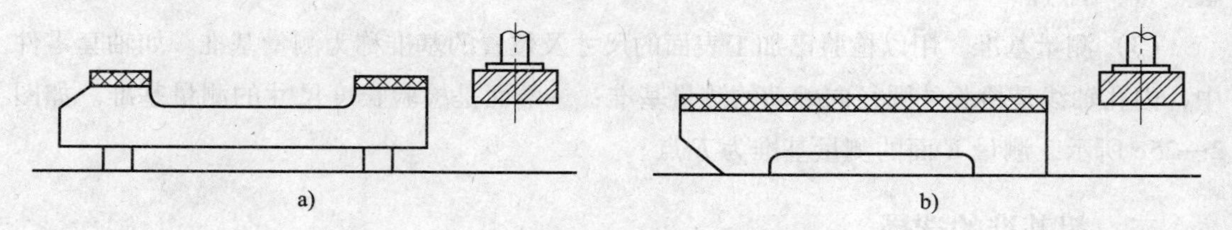


图 2—28 床身导轨加工粗基准的选择

a）粗基准 b）精基准

**4. 不重复使用原则**

粗基准未经加工，表面比较粗糙且精度低，二次安装时，极易产生定位误差，导致相

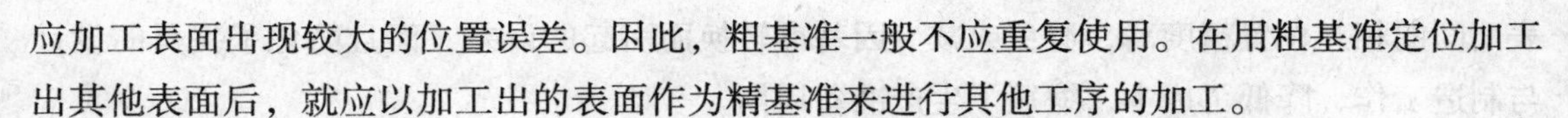


应加工表面出现较大的位置误差。因此，粗基准一般不应重复使用。在用粗基准定位加工出其他表面后，就应以加工出的表面作为精基准来进行其他工序的加工。

**5．便于工件装夹原则**

作为粗基准的表面，应尽量平整光洁、面积足够大，没有飞边、冒口、浇口或其他缺陷，以使工件定位准确、夹紧可靠。

## 三、精基准的选择

在第一道工序完成后，就应当以加工过的表面为定位基准，这种定位基准称为精基准。选择精基准时，应能保证加工精度、工件定位准确、对刀方便、装夹可靠，在具体确定零件的定位基准时，应遵循以下原则：

**1．基准重合原则**

尽可能选择加工表面的设计基准作为定位基准，可避免由定位基准与设计基准不重合而引起的定位误差（基准不重合误差），便于数控对刀时的测量。如磨削主轴内孔时，以支承轴颈为定位基准，其目的是使其与设计基准重合。

如图2—29a所示零件，欲加工孔3，其设计基准是面2，要求保证尺寸$A$。若以面1为定位基准，如图2—29b所示，则直接保证的尺寸是$C$，尺寸$A$是通过控制尺寸$B$和$C$来间接保证的。尺寸$A$的加工误差中增加了尺寸$B$的误差，这个误差就是基准不重合误差。若按图2—29c所示用面2定位，则符合基准重合原则，可以直接保证尺寸$A$的精度。

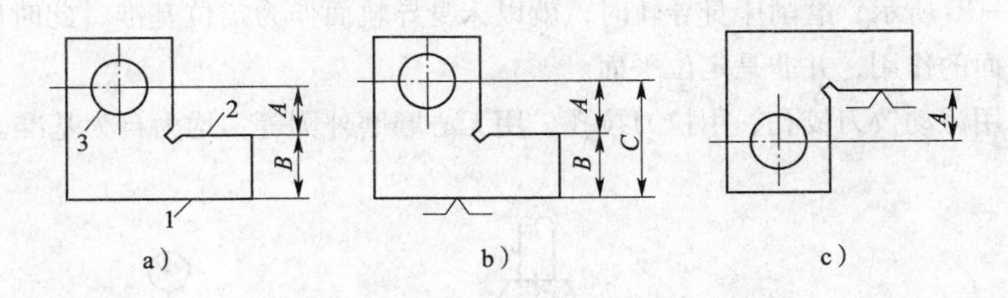


图2—29 设计基准与定位基准的关系

a）零件尺寸图 b）以面1为定位基准 c）以面2为定位基准

应用基准重合原则时，要具体情况具体分析。定位过程中产生的基准不重合误差，是在用夹具装夹、调整法加工一批工件时产生的。在单件试切法加工时，不会存在此类误差。当带有自动测量功能时，可在工艺中安排坐标系测量检查工步，即每个零件加工前由CNC系统自动控制测量头检测设计基准并自动计算、修正坐标值，也可消除基准不重合误差。

**2．基准统一原则**

同一零件的多道工序尽可能选择同一个定位基准，称为基准统一原则。特点是各加工表面间的相互位置精度高，避免或减少因基准转换而引起的误差，而且简化了夹具的设计与制造工作，降低了成本，缩短了生产准备周期。

当工件以某一精基准定位，可较方便地加工其余表面时，应尽早地在开始工序中就把这个基准面加工出来，并达到一定精度，以后各道工序（或大部分工序）都以它为基准。

如箱体类零件一般都用一个较大平面和两个距离较远的孔作为精基准。没有孔的零件有时用大平面加两个与大平面垂直的边作为精基准，或再专门加工出两个孔作为精基准。如机床主轴箱的箱体多采用底面和导向面统一的定位基准加工各轴孔、前端面和侧面。

又如轴类零件大多数工序以中心孔作为精加工基准。齿轮的齿坯和齿形加工都以端面和内孔作为精基准。

基准重合和基准统一是选择精基准的两个重要原则，但生产中会遇到两者矛盾的情况。此时，若采用统一定位基准能够保证加工的尺寸精度，则应遵循基准统一原则；若不能保证尺寸精度，则应遵循基准重合原则，以免工序尺寸的实际公差值减小，增加加工难度。

**3. 自为基准原则**

研磨、铰孔等精加工或光整加工工序，要求余量小而均匀，选择加工表面本身作为定位基准，称为自为基准原则。自为基准多用于精加工或光整加工工序中，能保证加工面的余量小而均匀。此时只能提高加工表面本身的尺寸精度、形状精度，而不能提高加工表面的位置精度，其位置精度由前道工序保证。

如图 2—30 所示，磨削床身导轨时，就以床身导轨面作为定位基准，此时床脚平面只起到支承平面的作用，并非是定位平面。

此外，用浮动铰刀铰孔、用拉刀拉孔、用无心磨磨外圆等，均为自为基准。

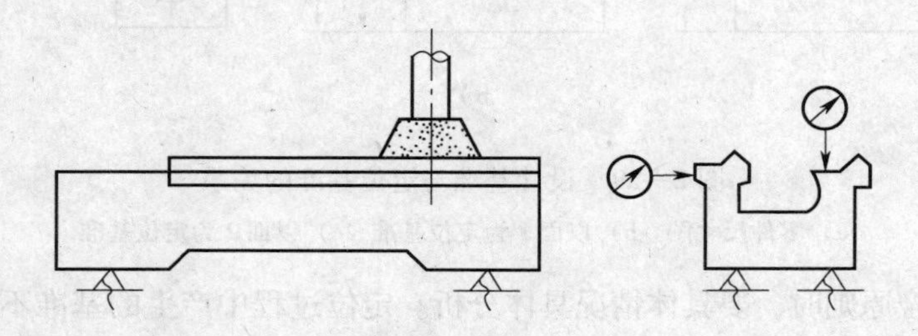

图 2—30　自为基准

**4. 互为基准原则**

为使各加工表面之间具有较高的位置精度，或加工表面具有均匀的加工余量，有时可采用两个加工表面互为基准反复加工的方法，称为互为基准原则。

如要保证精密齿轮的齿圈跳动精度，在齿面淬硬后，先以齿面定位磨内孔，再以内孔定位磨齿面，从而保证位置精度。再如车床主轴的前锥孔与主轴支承轴颈间有严格的同轴度要求，加工时就是先以轴颈外圆为定位基准加工锥孔，再以锥孔为定位基准加工外圆，如此反复多次，最终达到加工要求。这都是互为基准的典型实例。

**5．便于装夹原则**

所选精基准应能保证工件定位准确稳定，装夹方便可靠，夹具结构简单适用，操作方便灵活。同时，定位基准应有足够大的接触面积，以承受较大的切削力。因此，要尽量选择面积较大、精度较高、安装稳定可靠的表面作为定位精基准。

上述基准选择原则，要求综合考虑，有时需要遵循多项原则，如轴类零件常用两中心孔作为定位基准，遵循了“基准统一、基准重合、互为基准”的原则。

# 第 3 节　零件的定位与装夹

## 学习单元 1　工件定位

### 学习目标

- ➤掌握六点定位原理。
- ➤掌握工件的定位形式。
- ➤掌握常见的定位方式及定位元件。
- ➤掌握辅助支承的使用。

### 知识要求

#### 一、工件定位的基本原理

任何一个不受约束的物体，在空间都具有六个自由度，即沿三个互相垂直坐标轴的移动和绕这三个坐标轴的转动。如不在一条直线上的三个支承点，可以限制工件的三个自由度。因此，要使物体在空间占有确定的位置（即定位），就必须约束这六个自由度。工件在夹具中定位时，按照定位原则最多限制六个自由度，如图 2—31a 所示。

同样在机械加工中，要完全确定工件的正确位置，必须有六个支承点来限制工件的六个自由度，称为工件定位的“六点定位原理”，如图 2—31b 所示。

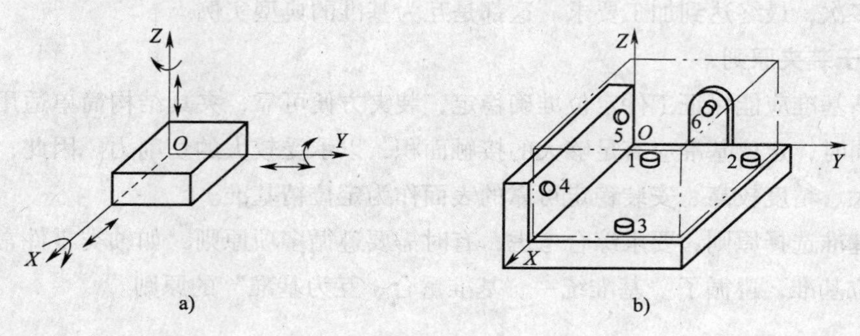


图 2—31 六点定位

a）六个自由度 b）六点定位

## 二、工件的定位形式

### 1. 合理定位

（1）完全定位。工件的六个自由度全部被限制的定位称为完全定位。当工件在 $X$、$Y$、$Z$3 个坐标方向上均有尺寸要求或位置精度要求时，一般采用这种定位方式。

在铣床上铣削一批工件上的沟槽时，为了保证每次安装中工件的正确位置，保证三个加工尺寸 $X$、$Y$、$Z$，就必须限制六个自由度，如图 2—32 所示已经限制了 $\vec{X}$、$\vec{Y}$、$\vec{Z}$、$\widehat{X}$、$\widehat{Y}$、$\widehat{Z}$六个自由度。

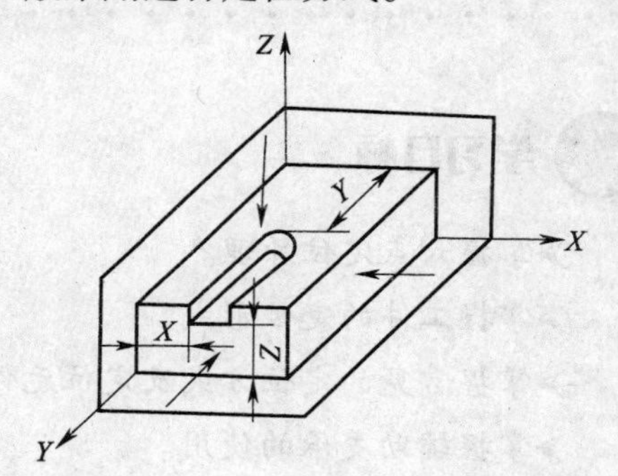


图 2—32 完全定位

（2）不完全定位。工件被限制的自由度少于六个，但能满足加工要求的定位称为不完全定位。

为铣削一批工件的台阶，保证两个尺寸 $X$、$Z$，只需限制除 $Y$ 方向移动以外的五个自由度，如图 2—33a 所示已经限制了 $\vec{X}$、$\vec{Y}$、$\widehat{X}$、$\widehat{Y}$、$\widehat{Z}$五个自由度。

如图 2—33b 所示为磨削一批工件的顶面，保证一个加工高度尺寸 $Z$，不需要限制平面移动以及绕 $Z$ 轴旋转的三个自由度，仅需限制$\widehat{X}$、$\widehat{Y}$、$\vec{Z}$ 三个自由度。像这种没有完全限制六个自由度的定位称为不完全定位。

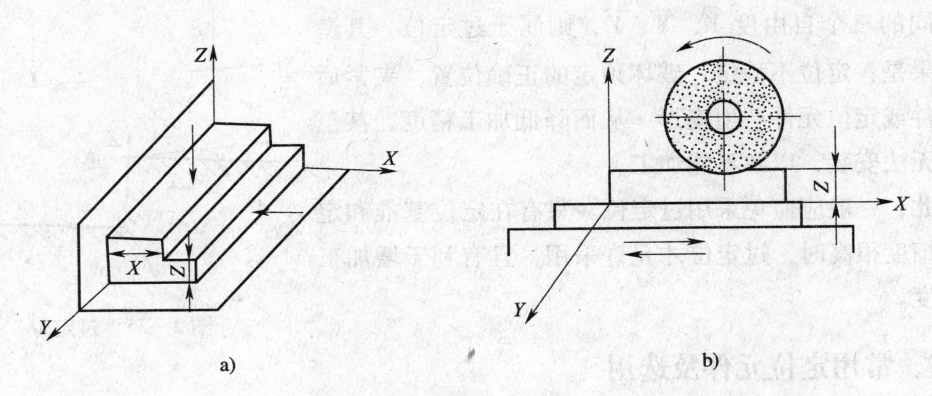


图 2—33 不完全定位

a）铣台阶 b）磨平面

完全定位与不完全定位两种定位类型都是正确可行的，在生产中被广泛采用。

**2. 不合理定位**

（1）欠定位。工件应限制的自由度未被限制的定位称为欠定位。因欠定位保证不了加工要求，在实际生产中是绝对不允许的。如图 2—34a 所示，加工圆柱上的台阶平面，需要限制 $\vec{X}$、$\vec{Z}$、$\widehat{X}$、$\widehat{Z}$ 四个自由度，才能保证 $H_1$、$H_2$ 的高度以及台阶横向位置。如采用图 2—34b 所示的窄 V 形块定位，只限制了 $\vec{X}$、$\vec{Z}$ 的自由度，而 $\widehat{X}$ 方向没有限制就不能保证圆柱 $H_1$、$H_2$ 高度相等，$\widehat{Z}$ 没有限制则没法保证台阶的横向位置，属于欠定位。若采用图 2—34c 所示的宽 V 形块不完全定位，只有 $\vec{Y}$、$\widehat{Y}$ 没有限制，不影响台阶面的加工精度。

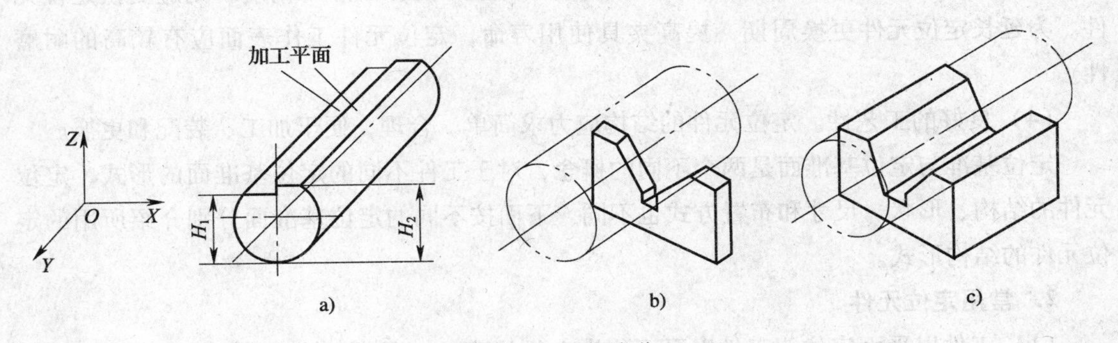


图 2—34 欠定位

a）加工要求 b）欠定位 c）不完全定位

（2）过定位。同一个自由度被两个以上的定位元件同时重复限制的定位称为过定位。如图 2—35 所示，定位面 $A$ 限制了工件的三个自由度 $\vec{Z}$、$\widehat{X}$、$\widehat{Y}$，而定位面 $B$ 同样限制了工件相同的三个自由度 $\vec{Y}$、$\widehat{X}$、$\widehat{Y}$，则属于过定位。其造成的后果是：定位不稳定，破坏预定的正确位置，夹紧后会使工件或定位元件产生变形，从而降低加工精度，甚至使工件无法安装，以致不能加工。

因此，一般应避免采用过定位。只有在定位基准和定位元件精度很高时，过定位才允许采用，且有利于增加工件的刚度。

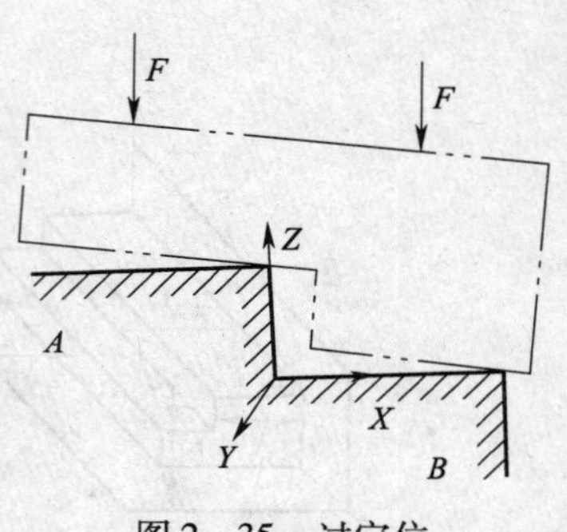

图 2—35　过定位

## 三、常用定位元件及选用

### 1. 对定位元件的基本要求

在实际应用时，一般不允许将工件的定位基准面直接与夹具体接触，而是通过定位元件上的工作表面与工件定位基准面的接触来实现定位。定位基准面与定位元件的工作表面合称为定位副。对定位元件的基本要求如下：

（1）足够的精度。由于工件的定位是通过定位副的接触（或配合）实现的，定位元件工作表面的精度直接影响工件的定位精度，因此，定位元件工作表面应有足够的精度，以保证加工精度要求。

（2）足够的强度和刚度。定位元件不仅限制工件的自由度，还有支承工件、承受夹紧力和切削力的作用，因此，还应有足够的强度和刚度，以免使用中变形和损坏。

（3）有较高的耐磨性。工件的装卸会磨损定位元件工作表面，导致定位元件工作表面精度下降，引起定位精度的下降。当定位精度下降至不能保证加工精度时则应更换定位元件。为延长定位元件更换周期，提高夹具使用寿命，定位元件工作表面应有较高的耐磨性。

（4）良好的工艺性。定位元件的结构应力求简单、合理，便于加工、装配和更换。

定位基准与定位基准面是两个不同的概念，对于工件不同的定位基准面的形式，定位元件的结构、形状、尺寸和布置方式也不同。下面按不同的定位基准面分别介绍所用的定位元件的结构形式。

### 2. 常用定位元件

（1）工件以平面定位。工件以平面作为定位基准时，由于工件的平面和定位件的表面不可能是绝对的理想平面，只能由最凸起的三个点接触，而最凸起的三点位置对每一个工件都是不一样的，有可能这三点间距离很近，使工件定位不稳定。为了保证定位的稳定可靠，工件以平面定位时一般采用三点定位。当采用已加工平面作为定位基准时，由于其平面误差已减小，为了提高定位的刚度和稳定性，可适当增加定位面的接触面积。

在夹具中作为平面定位的主要定位元件有支承钉、支承板等，如图 2—36 所示。支承钉的头部有平头式、球头式和齿纹式三种，平头式支承钉适用于已加工表面，其余两种适用于未加工表面的定位。支承板适用于精加工表面的定位或定位基准面较大时的定位。

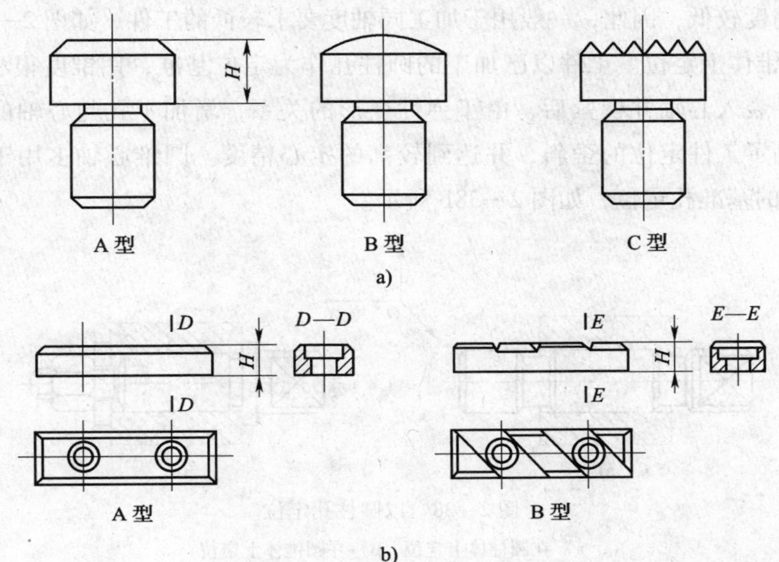


图 2—36 平面定位元件

a）支承钉 b）支承板

（2）工件以外圆柱表面定位

1）在圆柱孔中定位。工件在圆柱孔中定位，方法简单，应用广泛，但作为精定位时工件定位外圆必须经过加工，一般适用定位基准精度为 IT7、IT8 公差等级的工件。

2）在 V 形块上定位。工件在 V 形块上定位，最突出的优点是对中性好，不受定位基准直径误差的影响，如图 2—37 所示为各类 V 形块。轴类零件以 V 形块定位时，其定位基准面是工件外圆柱面。在外圆柱上铣平面时，用两个固定短 V 形块定位，限制了工件的四个自由度。

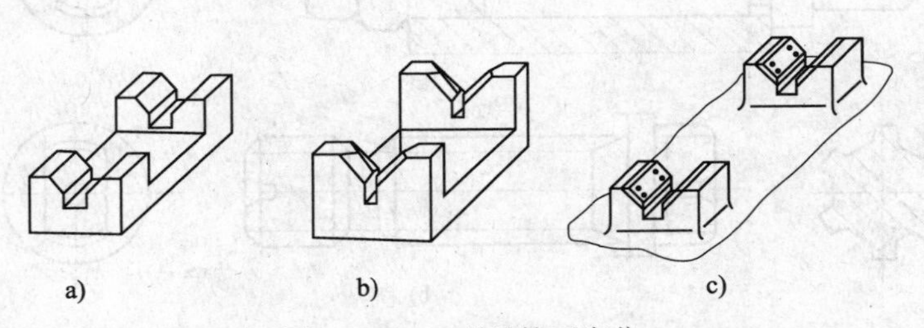


图 2—37 V 形导轨面定位

a）精定位 b）粗定位 c）长 V 形块

（3）工件以圆柱孔定位

1）在圆柱体上定位。套类零件以圆柱心轴定位车削外圆时，其定位基准面是工件内圆柱面。使用时工件能较方便地安装在心轴上。但由于配合面存在间隙，所以径向偏移量较大，定心精度较低，因此，一般用于加工同轴度要求较低的工件，如图 2—38a 所示。

2）在圆锥体上定位。工件以已加工的圆柱孔作为定位基准，用锥度很小的圆锥心轴来定位。工件装入心轴并楔紧后，由于弹性变形的关系，增加了孔与心轴的实际接触长度，从而控制了工件定位的歪斜，并达到较高的定心精度。圆锥心轴多用于精度不低于 IT7 公差等级的基准孔定位，如图 2—38b 所示。

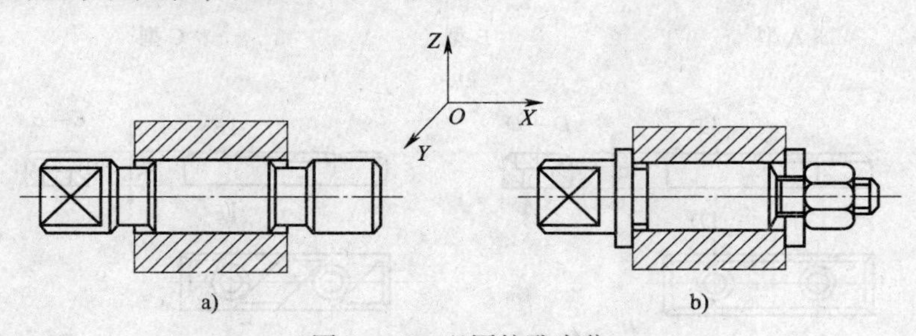


图 2—38　以圆柱孔定位

a）在圆柱体上定位　b）在圆锥体上定位

（4）工件以其他表面定位

1）工件以圆锥孔定位。一般采用与工件锥度相同的圆锥心轴定位。当圆锥半锥角小于自锁角（锥度小于 1∶4）时，为了取下工件方便，一般在心轴大端装有卸下工件用的螺母，如图 2—39a 所示。

2）工件以花键孔定位。当工件上花键孔已加工好时，可用花键心轴来定位。为了安装方便，工作部分可做有锥度，如图 2—39b 所示。

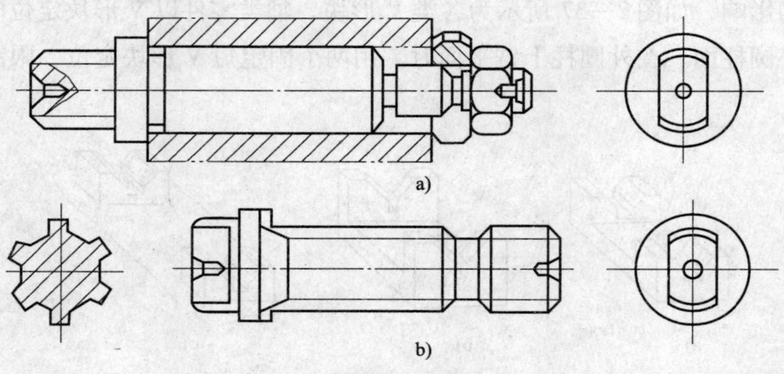


图 2—39　以圆锥孔和花键孔定位

a）以圆锥孔定位　b）以花键孔定位

3）两销一面定位。当工件以两个中心线互相平行的孔及与孔相垂直的平面作为定位基准时，可采用“两销一面”的定位方法，“两销”指的是一个短圆柱销和一个削边销，“一面”指一个大平面，如图2—40所示。

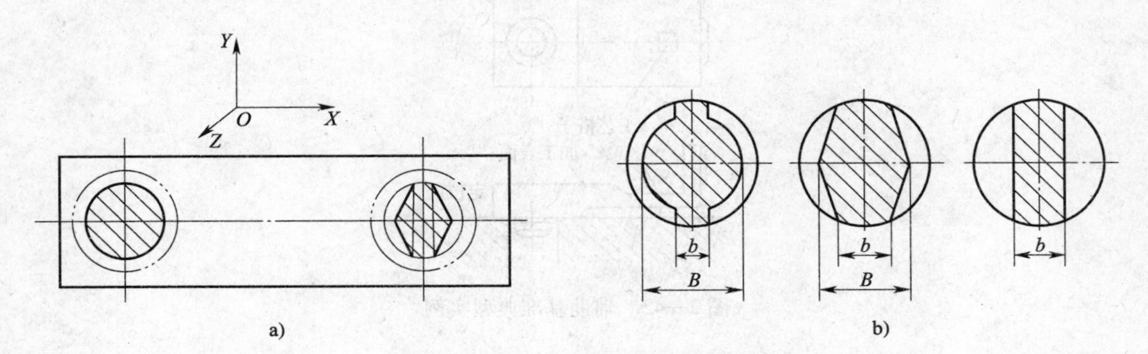


图2—40　两销一面定位

a）两销一面定位　b）各类削边销结构形式

4）两顶尖定位。在车削中，以两顶尖装夹工件，可以限制工件的五个自由度。加工轴的各个外表面时，用顶尖作为定位基准，能做到基准统一，各个外圆面的同轴度就高，跳动也小，保证了加工精度，一般用于尺寸较大或加工工序较多的轴类工件，如图2—41所示。

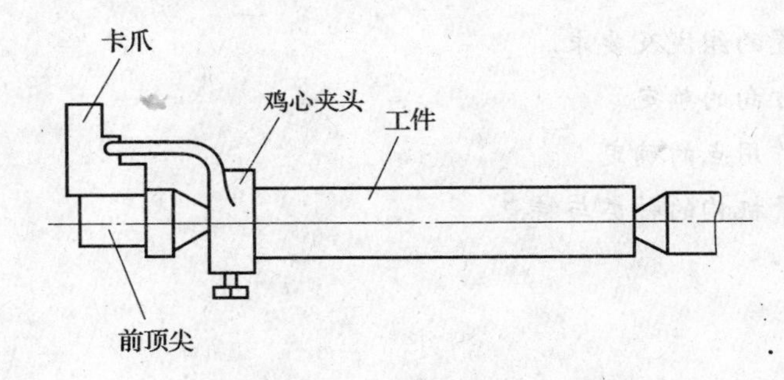


图2—41　两顶尖装夹

## 四、辅助支承

辅助支承是为了便于装夹或易于实现基准统一而人为制成的一种辅助定位基准。如图2—42所示的零件，为安装方便，毛坯上专门铸出工艺搭子，就是典型的辅助基准，加工完毕后应将其从零件上切除。

辅助支承的工作特点是在定位夹紧后调整，每加工一个工件要调整一次。辅助支承不具有独立的定位作用且不能限制工件的自由度，只是起到增加支承刚度、提高工件的装夹刚度和稳定性的作用。

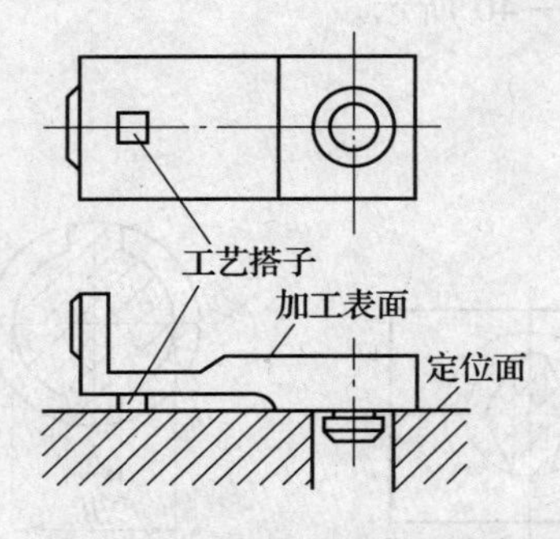


图 2—42　辅助基准典型实例

## 学习单元 2　工件的夹紧

### 学习目标

➤了解夹紧装置的组成及要求。

➤掌握夹紧力方向的确定。

➤掌握夹紧力作用点的确定。

➤掌握典型夹紧机构的种类与特点。

### 知识要求

#### 一、夹紧装置的组成及基本要求

**1．夹紧装置的组成**

保证已确定的工件位置在加工过程中不发生变更的装置称为夹紧装置。它主要由以下三部分组成：

（1）力源装置。产生夹紧作用力的装置，所产生的力称为原始力，如气动、液动、电动等，气动的力源装置是气缸。对于手动夹紧来说，力源来自人力。

（2）中间传力机构。介于力源和夹紧元件之间传递力的机构。在传递力的过程中，它能够改变作用力的方向和大小，起增力作用；还能使夹紧实现自锁，保证力源提供的原始力消失后，仍能可靠地夹紧工件，这对手动夹紧尤为重要。

（3）夹紧元件。夹紧装置的最终执行件，与工件直接接触完成夹紧作用。

**2. 夹紧装置的基本要求**

夹紧装置的具体组成并非一成不变，须根据工件的加工要求、安装方法和生产规模等条件来确定。但无论其组成如何，都必须满足以下基本要求：

（1）安全可靠。夹紧时应保持工件定位后所占据的正确位置，不能改变工件正确定位位置。

（2）夹紧力大小要适当。夹紧机构既要保证工件在加工过程中不产生松动或振动，又不得产生过大的夹紧变形和表面损伤。

（3）工艺性好。夹紧机构的自动化程度和复杂程度应和工件的生产规模相适应，并有良好的结构工艺性，尽可能采用标准化元件。

（4）使用性好。夹紧动作要迅速、可靠，且操作要方便、省力、安全。

## 二、确定夹紧力的基本原则

夹紧力方向、夹紧力作用点和夹紧力大小合称为夹紧力三要素。

**1. 夹紧力方向**

（1）夹紧力方向尽量垂直作用于主要定位面，以保证定位正确。

（2）夹紧力方向应朝着工件刚度较大或接触面较大的那个面，以减小工件变形。为减少工件变形，薄壁工件应尽可能不用径向夹紧的方法，而采用轴向夹紧的方法。

（3）夹紧力方向应使所需夹紧力最小。减小所需要的夹紧力就可以减轻工人劳动强度，简化夹紧结构，并尽可能使夹紧力的方向与切削力和工件重力的方向相重合或同向。

**2. 夹紧力作用点**

（1）夹紧力作用点应使工件定位正确。作用点应与支承件相对，以避免产生使工件变形的弯曲力矩，而使工件容易变形和不稳固。夹紧力作用点应落在定位元件或几个定位元件所形成的支承区域内。

（2）为保证工件在夹具中加工时不会引起振动，夹紧力作用点应靠近加工表面，以增加工件的安装刚度，减少振动。

（3）夹紧力作用点应作用在工件刚度大的部位，以免工件变形。

**3. 夹紧力大小**

夹紧力的大小选择要适当，过大会使工件变形，并且使夹紧结构复杂、不紧凑；过小就有可能因抵抗不了切削力、惯性力和重力而夹不紧工件，造成工件报废，甚至发生安全事故。因此，根据加工时的具体情况，适当选择夹紧力的大小。一般粗加工夹紧力较大，工件刚度较好时，夹紧力可大一些；精加工或工件刚度较小时，夹紧力应小一些。在生产实践中，所需的夹紧力大小通常按经验或类比法确定。

## 三、常用的夹紧机构及选用

在夹具的夹紧装置中，常用各种螺旋、斜楔、偏心、杠杆、薄壁弹性元件以及由它们组合而成的夹紧机构。其中，以螺旋、斜楔、偏心夹紧机构应用最为广泛。根据夹具夹紧动力源，最常见的夹具是气动夹具。

### 1. 螺旋夹紧机构

螺旋夹紧机构就是用螺钉和螺母直接或间接夹紧工件的机构。它结构简单，夹紧可靠，应用最广。常用的夹紧机构中，自锁性能最可靠的是螺旋，但螺旋夹紧机构在夹紧和松开时比较费时费力。如图 2—43 所示为常用的螺旋压板夹紧机构。

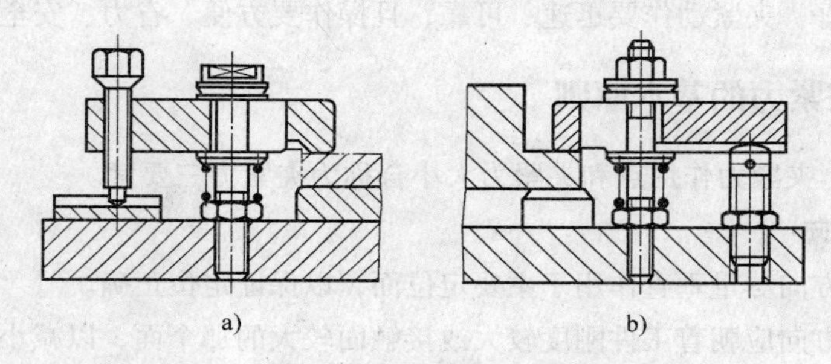


图 2—43　螺旋压板夹紧机构

### 2. 斜楔夹紧机构

斜楔夹紧机构是将斜楔面的推力转变为夹紧力，从而将工件夹紧的一种机构。由于它的夹紧力不大，一般和螺旋机构联合使用，用来改变夹紧力的方向和增大夹紧力，如图 2—44 所示。

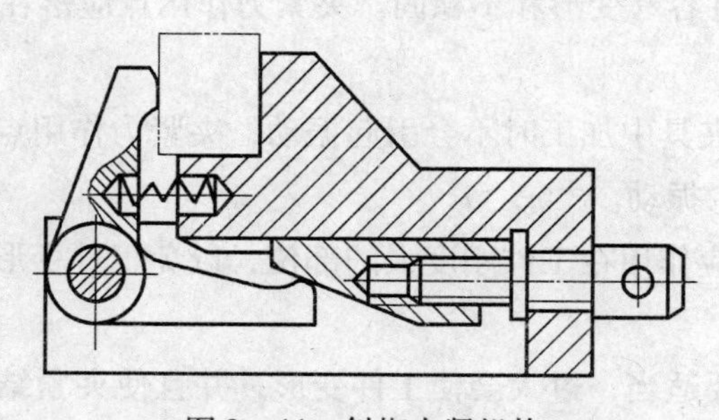

图 2—44　斜楔夹紧机构

**3. 偏心夹紧机构**

偏心夹紧机构是用偏心件实现夹紧作用的装置。其优点是结构简单，动作迅速。缺点是夹紧力小，夹紧距离有一定限制，自锁可靠性差。因此，适用于振动较小和夹紧力不大的情况，如图 2—45 所示为一偏心夹紧机构。

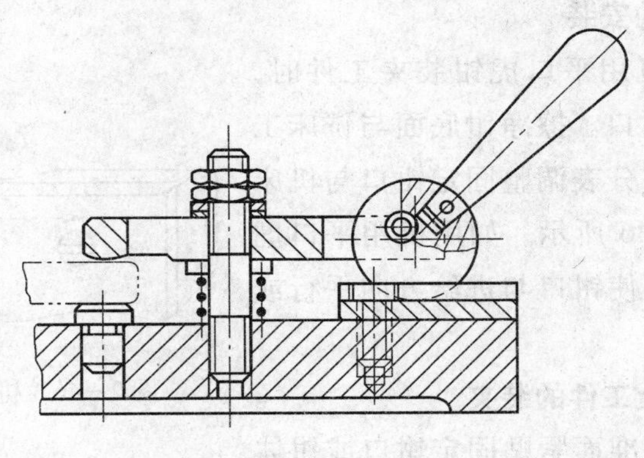

图 2—45　偏心夹紧机构

**4. 定心夹紧机构**

以工件的轴线或对称中心定位，并同时使工件夹紧的机构称为定心夹紧机构。自动定心夹紧机构能使工件同时得到定心和夹紧，如三爪自定心卡盘、弹簧夹头夹紧装置等。定心夹紧机构的特点是：定位和夹紧是同一个元件，元件之间有精确的联系，能同时等距离地移动或退离工件。由于这一特点，所以它能将工件定位基准的误差对称分布，使工件的轴线或对称中心不产生偏移而实现定心夹紧作用。

## 学习单元 3　常用机床夹具

### 学习目标

➢掌握机用平口虎钳的应用。

➢掌握压板装夹的应用。

➢掌握三爪自定心卡盘的应用。

➢熟悉其他装夹的应用。

➢掌握零件的找正方法。

## 知识要求

### 一、机用平口虎钳的应用

**1. 机用平口虎钳的安装**

在立式铣床上用机用平口虎钳装夹工件时，应使切削力指向固定钳口。擦净钳底面与铣床工作台面，安装后可用百分表调整固定钳口与机床的相对位置，如图 2—46 所示。如用机用平口虎钳底部的键块定位，可使钳口与进给方向平行或垂直。

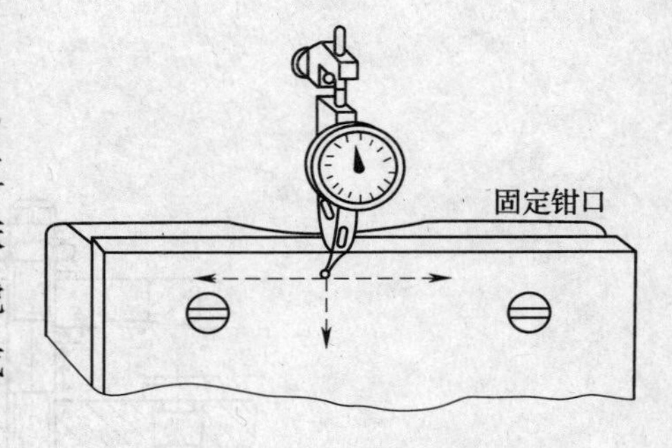


图 2—46　机用平口虎钳的校正

**2. 机用平口虎钳上工件的装夹**

(1) 应将工件的基准面紧贴固定钳口或钳体的导轨面，并使固定钳口承受铣削力，如图 2—47a、b 所示。

(2) 工件的装夹高度以铣削尺寸高出钳口平面 3 ~ 5 mm 为宜，如装夹位置不合适，应在工件下面垫上适当厚度的平行垫铁。垫铁应具有合适的尺寸与表面粗糙度及平行度。

(3) 为使工件基准面紧贴固定钳口，在立式铣床上用端铣法铣削垂直面时，用机用平口虎钳装夹工件，应在活动钳口与工件之间放置一根圆棒，如图 2—47c 所示。

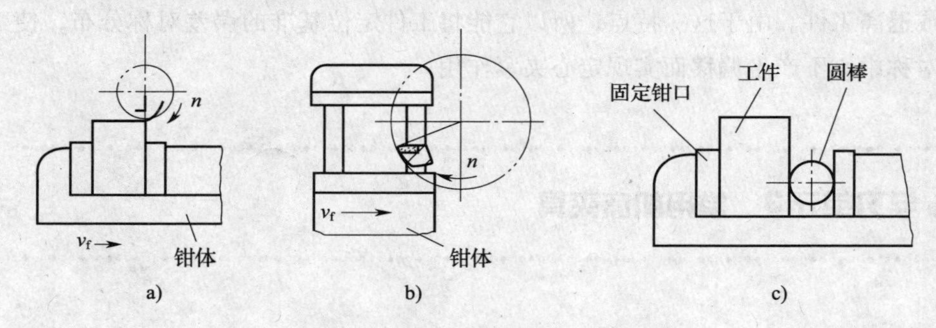


图 2—47　机用平口虎钳上工件的装夹

a)、b) 由固定钳口承受铣削力　c) 垫圆棒夹紧工件

(4) 为保护钳口，避免夹伤已加工工件表面，应在工件与钳口间垫一块钳口铁（如铜皮）。

(5) 夹紧工件时，应将工件向固定钳口方向轻轻推压，工件轻轻夹紧后可用铜锤等轻轻敲击工件，以使工件紧贴底部垫铁，最后再将工件夹紧。图 2—48 所示为使用机用平口虎钳装夹工件的几种情况，注意避免不正确的安装方式。

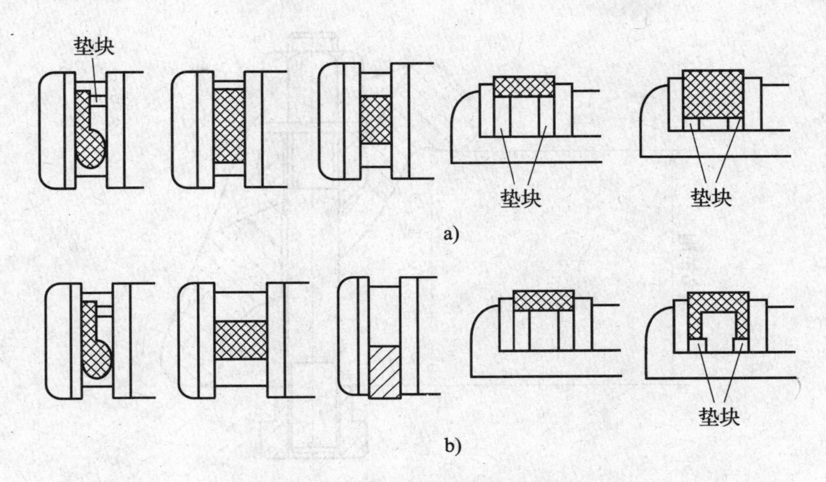


图 2—48　机用平口虎钳的使用

a）正确　b）不正确

## 二、压板装夹的应用

尺寸较大的工件，可用螺栓、压板直接装夹于工作台上，为确保加工面与铣刀的相对位置，一般均需找正工件，如图 2—49 所示。压板的使用方法如图 2—50 所示。在铣床上采用压板夹紧工件时，为了增大夹紧力，应使螺栓靠近工件。用压板压紧工件时，垫块的高度应稍高于工件夹紧位置。

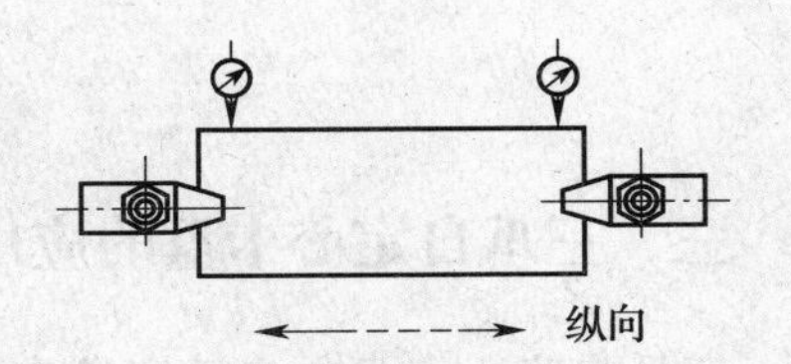


图 2—49　用压板装夹工件时的找正

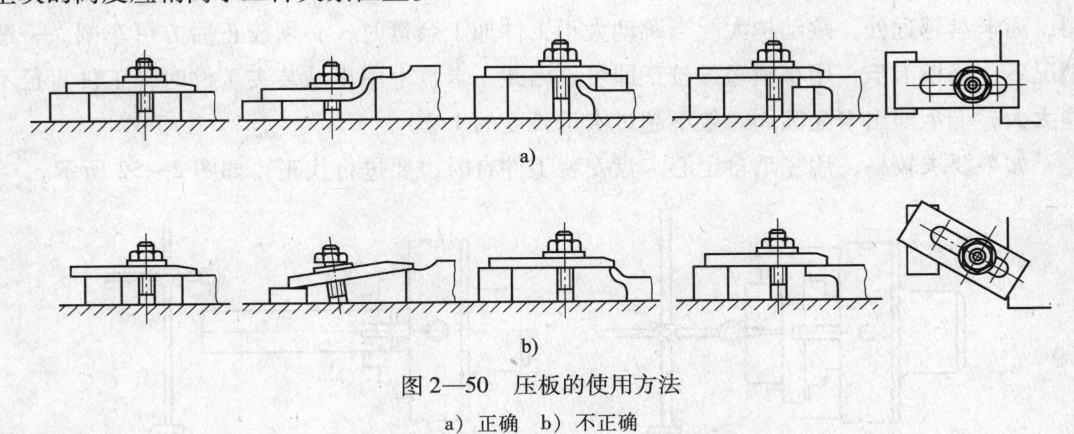


图 2—50　压板的使用方法

a）正确　b）不正确

可随工件高度不同而自动调节压紧高度的自调式压板如图 2—51 所示，自调式压板能适应工件高度在 0 ~ 200 mm 范围内的变化，其结构简单、使用方便。

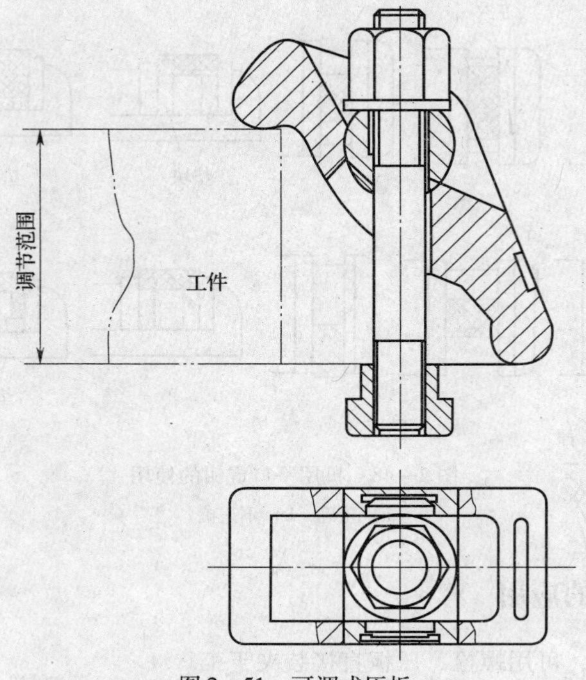


图 2—51　可调式压板

## 三、三爪自定心卡盘的应用

三爪自定心卡盘是自动定心夹具，装夹工件一般不需校正。在满足加工需要的情况下，尽量减少工件的伸出长度。但当工件夹持长度较短而伸出长度较长时，往往会产生歪斜，离卡盘越远处，跳动越大。当跳动大于工件加工余量时，必须校正后方可车削。一般情况下，略松卡爪，用小锤轻敲校正即可。因此，卡盘上用正爪装夹工件时，工件直径不能太大，卡爪伸出卡盘圆周一般不超过卡爪长度的 1/3。

如果要求较高，用三爪自定心卡盘安装工件有时也要进行找正，如图 2—52 所示。

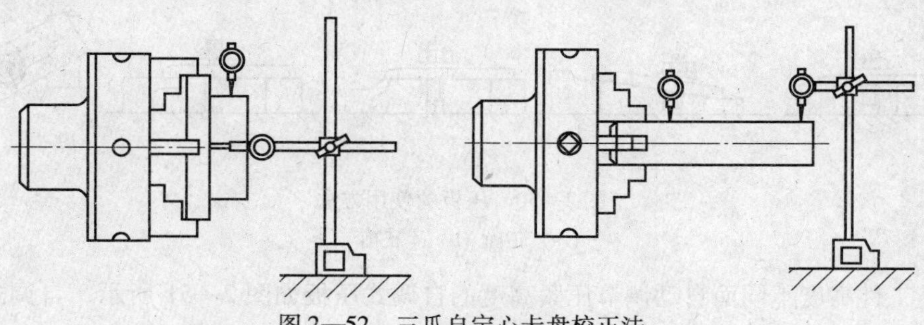

图 2—52　三爪自定心卡盘校正法

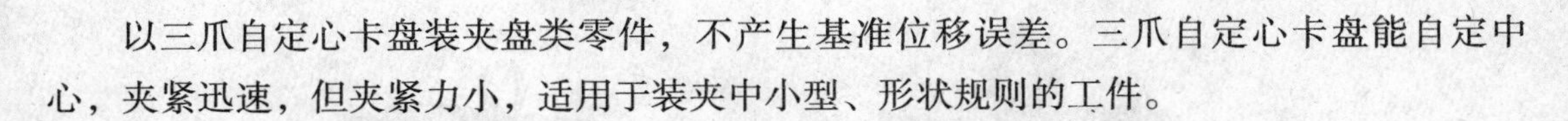


以三爪自定心卡盘装夹盘类零件，不产生基准位移误差。三爪自定心卡盘能自定中心，夹紧迅速，但夹紧力小，适用于装夹中小型、形状规则的工件。

## 四、其他夹具的应用

### 1. 四爪单动卡盘

四爪单动卡盘的卡爪可单独移动，适用于夹持偏心零件和形状不规则的零件。如图2—53所示为用四爪单动卡盘夹持方形零件。四爪单动卡盘也能用于夹持表面要求相互垂直的大而薄的工件。

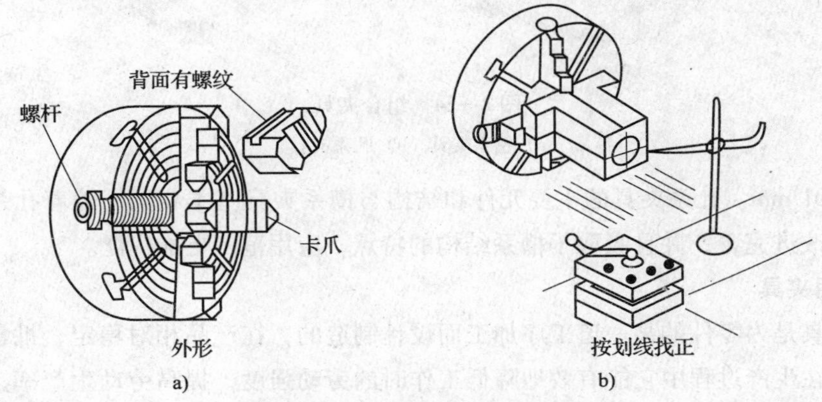


图2—53 四爪单动卡盘与校正

a）四爪单动卡盘 b）夹持方形件

### 2. 组合夹具

组合夹具是一种先进的工艺装备，它由一套预先制造好的不同形状、不同规格、不同尺寸，具有互换性、高耐磨性和高精度的标准元件组成。其结构灵活多变，适应性广，元件可长期循环使用，目前已为众多制造行业所采用。

组合夹具分为槽系和孔系两个系列。槽系夹具主要靠槽来定位和夹紧，孔系夹具主要靠孔来定位和夹紧，如图2—54所示。

槽系夹具的特点是平移调整方便，它广泛应用于普通机床上进行一般精度零件的机械加工，其主要元件有基础件、定位件、支承件、导向件、压紧件、紧固件和合件。常见的基本结构有基座加宽结构、定向定位结构、压紧结构、角度结构、移动结构、转动结构、分度结构等。若干个基本结构组成一套组合夹具。

孔系夹具的特点是旋转调整方便，精度和刚度都高于槽系夹具。孔系夹具按定位孔直径分为大型和中型两种。元件与元件间用两个销钉定位，一个螺钉紧固。定位孔孔径有10、12、16、24 mm四个规格；相应的孔距为30、40、50、80 mm；孔径公差为H7，孔距

图 2—54　组合夹具
a）槽系夹具　b）孔系夹具

公差为 ±0. 01 mm。孔系夹具的主要元件和结构与槽系夹具基本相同，随着孔系夹具元件设计的不断改进完善，并且吸取了槽系结构的特点，应用范围更加广泛。

**3. 专用夹具**

专用夹具是为零件的某一道工序加工而设计制造的，在产品相对稳定、批量较大的生产中使用。在生产过程中它能有效地降低工作时的劳动强度，提高劳动生产率，并获得较高的加工精度。如图 2—55 所示为钻削斜孔与车削台阶套的简易专用夹具。

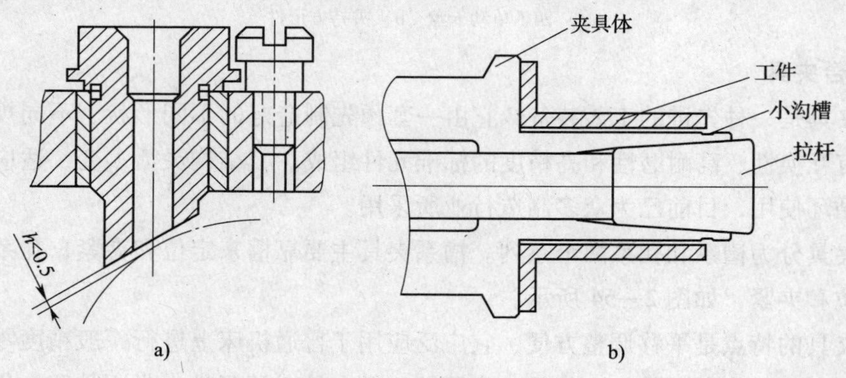


图 2—55　专用夹具的应用
a）钻斜孔　b）车削台阶套

## 五、夹具安装与零件定位

**1. 夹具的安装**

以上各类组合夹具、专用夹具等一般安装在数控机床的工作台上。

有时为利用数控转动轴加工零件，这些夹具也可安装在数控机床的回转工作台上。回转工作台就是带有可转动的台面、能实现回转和分度定位的机床附件，可以手动控制，如图 2—56a 所示。利用主机的数字控制系统或专门配套的控制系统，来实现工作台面的精确自动转位与分度运动的工作台，称为数控回转工作台，如图 2—56b 所示。

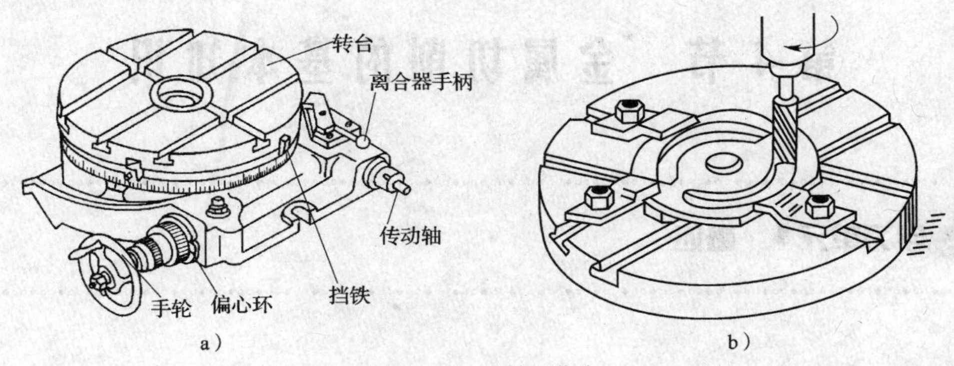


图 2—56　回转工作台

a）手动回转工作台　b）用数控回转工作台铣削圆槽

根据铣削原理，用数控回转工作台铣削凹圆弧工件时，铣刀旋转方向应与工件旋转方向相反；用数控回转工作台铣削凸圆弧工件时，铣刀旋转方向应与工件旋转方向相同。

**2. 零件定位方法**

确定零件的装夹方法时，应根据零件的精度要求和生产类型选定零件的定位方式，正确选择零件的定位基准。零件定位方式有直接按零件的某些表面找正、按划线找正以及采用夹具定位等，如图 2—57 所示为零件直接找正与划线找正。

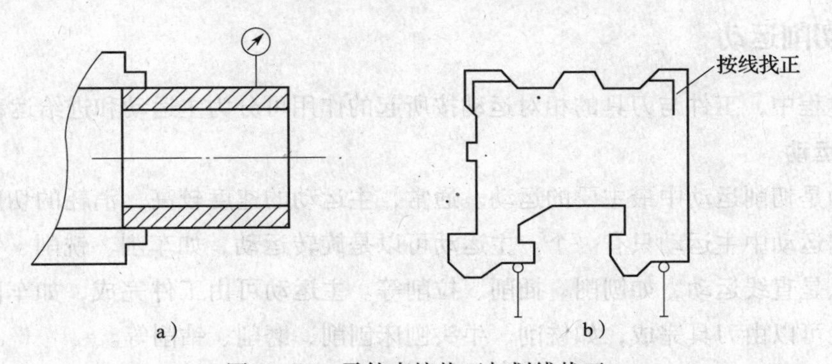


图 2—57　零件直接找正与划线找正

a）直接找正　b）划线找正

单件小批生产多采用直接找正，直接找正能获得较高的精度，但效率低。对于形状复杂、重、大的铸、锻件毛坯，往往进行划线找正，划线找正费时、费力、效率低、精度差，故主要用于单件小批生产中。

成批及大量生产广泛使用定位夹具，利用夹具定位，被加工工件可迅速而准确地安装在夹具中。根据不同生产类型选择不同的定位方式，可以获得较好的经济效果。

# 第4节 金属切削的基本知识

## 学习单元1 概述

### 学习目标

➢了解切削运动。

➢掌握切削用量三要素。

➢掌握切削用量的选择。

➢了解切削层参数。

### 知识要求

#### 一、切削运动

切削过程中，工件与刀具的相对运动按所起的作用可分为主运动和进给运动。

**1. 主运动**

主运动是切削运动中最主要的运动。通常，主运动的速度较高，消耗的切削功率也最大，在切削运动中主运动只有一个。主运动可以是旋转运动，如车削、铣削、钻削、磨削等；也可以是直线运动，如刨削、插削、拉削等。主运动可由工件完成，如车削、龙门刨床刨削；也可以由刀具完成，如铣削、牛头刨床刨削、磨削、钻削等。

**2. 进给运动**

进给运动是一种在切削运动中不断地把切削层投入，使切削工作得以持续下去的运动。一般情况下，进给运动的速度较低，功率消耗也较少。其数量可以是一个，如钻削（钻头轴向进给）；也可以是多个，如外圆磨削（轴向进给、圆周进给和径向进给）。进给运动可以是连续进行的，如钻孔、车外圆、铣平面等；也可以是断续进行的，如刨平面、车外圆时的横向进给等。进给运动可以由工件完成，如铣削、磨削等；也可以由刀具完成，如车削、钻削等。

**3. 合成运动**

合成运动是由主运动和进给运动合成的运动。当主运动与进给运动同时进行时，刀具切削刃上某一点相对工件的运动称为合成运动，其大小与方向用合成速度向量 $v_e$ 表示。如图 2—58 所示，合成速度向量等于主运动速度与进给运动速度的向量和。

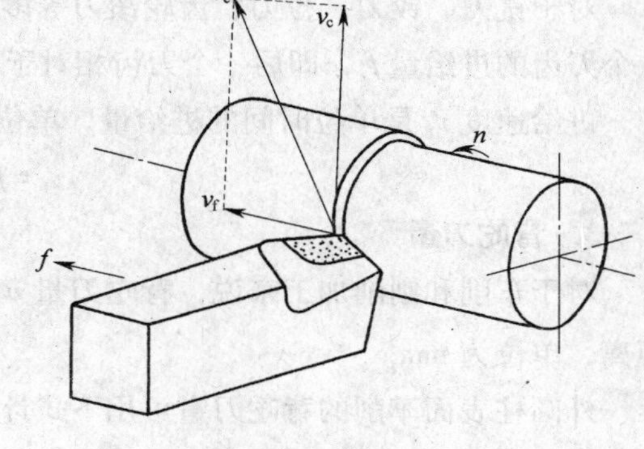


图 2—58　合成运动

## 二、切削用量

切削用量包括切削速度、进给量和背吃刀量，称为切削用量三要素，如图 2—59 所示。

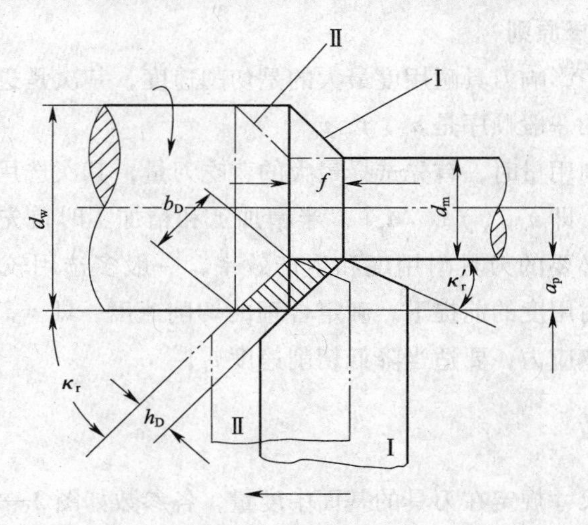


图 2—59　切削用量

**1. 切削速度**

切削速度是指主运动速度，即单位时间内工件和刀具沿主运动方向相对移动的距离。主运动为旋转运动，则切削速度取其线速度，计算公式为：

$$v_c = \frac{\pi d n}{1\,000} \text{（m/s 或 m/min）}$$

式中　$d$——工件待加工表面或刀具上某一点的回转直径，mm；

$n$——工件（或刀具）转速，r/s 或 r/min。

**2. 进给量**

进给量$f$是工件或刀具每回转一周时两者沿进给运动方向的相对位移量，单位是mm/r。

对于铣刀、铰刀、拉刀、齿轮滚刀等多刃切削工具，在它们进行工作时，还应规定每一个刀齿的进给量$f_z$，即后一个刀齿相对于前一个刀齿的进给量，单位是mm/齿。

进给速度$v_f$是单位时间的进给量，单位是mm/s或mm/min。进给速度计算公式为：

$$v_f = fn = f_z zn$$

**3. 背吃刀量**

对于车削和刨削加工来说，背吃刀量$a_p$为工件上已加工表面和待加工表面间的垂直距离，单位为mm。

外圆柱表面车削的背吃刀量可用下式计算：

$$a_p = (d_w - d_m)/2$$

式中　$d_m$——已加工表面直径，mm；

$d_w$——待加工表面直径，mm。

**4. 切削用量的选择原则**

切削用量三要素中影响刀具耐用度最大的是切削速度，其次是进给量，最小的是背吃刀量。切削用量选择的一般顺序是$a_p$、$f$、$v_c$。

在粗加工选择切削用量时，首先选择最大的背吃刀量，其次选用较大的进给量，最后选定合理的切削速度，即$v_c\downarrow$、$f\uparrow$、$a_p\uparrow$。半精加工和精加工时首先要保证加工精度和表面质量，同时要兼顾必要的刀具耐用度和生产效率，一般多选用较小的背吃刀量和进给量，在保证合理刀具耐用度的前提下，确定合理的切削速度，即$v_c\uparrow$、$f\downarrow$、$a_p\downarrow$。断续切削时，为减小冲击和热应力，要适当降低切削速度$v_c\downarrow$。

## 三、切削层参数

切削层的形状和尺寸规定在刀具的基面中度量，各参数如图2—59所示。

切削层公称宽度$b_D$为沿着过渡表面度量的切削层尺寸。切削层公称厚度$h_D$为过切削刃选定点垂直于过渡表面度量的切削层尺寸。切削层公称宽度和切削层公称厚度随主偏角$\kappa_r$的改变而变化。

切削层公称横截面积$A_D$是主切削刃上在基面的切削层投影图形的面积：

$$A_D = b_D h_D = fa_p$$

切削层公称横截面形状与主偏角的大小、刀尖圆弧半径的大小、主切削刃的形状有关。

材料切除率$Q$是单位时间内切除材料的体积，是衡量切削效率高低的一个指标：

$$Q = 1\,000 a_p f v_c \quad (\mathrm{mm^3/min})$$

## 学习单元2 刀具的几何角度及材料

### 学习目标

➤掌握刀具的几何角度选择，熟悉刀具的工作角度。

➤了解刀具材料的基本要求，掌握刀具材料。

➤了解数控刀具的特点。

➤熟悉镗铣类工具系统和数控铣床常用刀具的种类。

➤掌握常用数控刀具刀柄与使用方法和数控刀具选择。

### 知识要求

#### 一、刀具的几何角度

**1. 车刀的组成**

车刀由刀杆和刀头组成，也就是刀体和切削部分。刀体用于安装，切削部分用于进行金属切削加工。切削部分的组成如图2—60所示。

（1）前面。前面是刀具上切屑流过的表面。

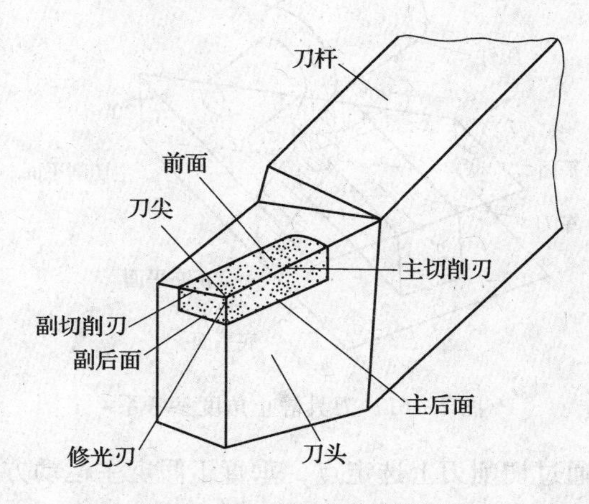


图2—60 车刀的切削部分

（2）后面。后面分主后面和副后面。与过渡表面相对的面为主后面，与已加工表面相对的面为副后面。

（3）主切削刃。主切削刃是前面和主后面的相交部位，担负主要切削工作。

（4）副切削刃。副切削刃是前面和副后面的相交部位，配合主切削刃完成少量的切削工作。

（5）刀尖。刀尖是主切削刃和副切削刃的连接部位。为了提高刀具强度将刀尖磨成圆弧型或直线型过渡刃。一般硬质合金刀尖圆弧半径 $r_\varepsilon = 0.5 \sim 1$ mm。

（6）修光刃。修光刃是副切削刃近刀尖处一小段平直的切削刃（主偏角为零），须与进给方向平行，且大于进给量。

**2. 刀具的静止角度参考系**

刀具静止角度参考系是指用于设计、制造、刃磨和测量刀具切削部分几何参数的参考系。它是在假定条件下建立的参考系。假定条件是指假定运动条件和假定安装条件。假定运动条件是在建立参考系时，暂不考虑进给运动；假定安装条件是假定刀具的刃磨和安装基准面垂直或平行于参考系的平面，同时假定刀杆中心线与进给运动方向垂直。

刀具静止角度参考系是简化了切削运动和设定刀具标准位置下建立的一种参考系。在静止参考系中，这样的坐标平面主要有三个：基面、主切削平面和正交平面，如图 2—61 所示。

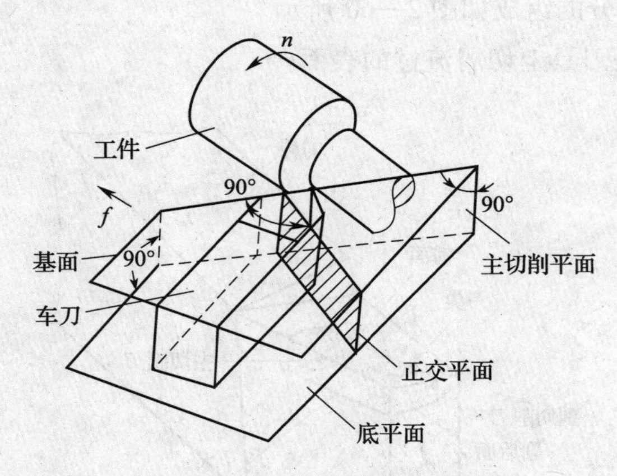


图 2—61　刀具静止角度参考系

（1）基面。基面是通过切削刃上选定点，垂直于假定主运动方向的平面。

（2）主切削平面。主切削平面是指过切削刃上选定点与主切削刃相切并垂直于基面的平面。

（3）正交平面。正交平面是通过切削刃上选定点，并同时垂直于基面和主切削平面的平面。也可认为，正交平面是通过切削刃上选定点垂直于主切削刃在基面上的投影的平面。

**3. 静止角度标注**

在刀具静止参考系中标注或测量的几何角度称为刀具静止角度，或刀具标注角度，如图 2—62 所示。

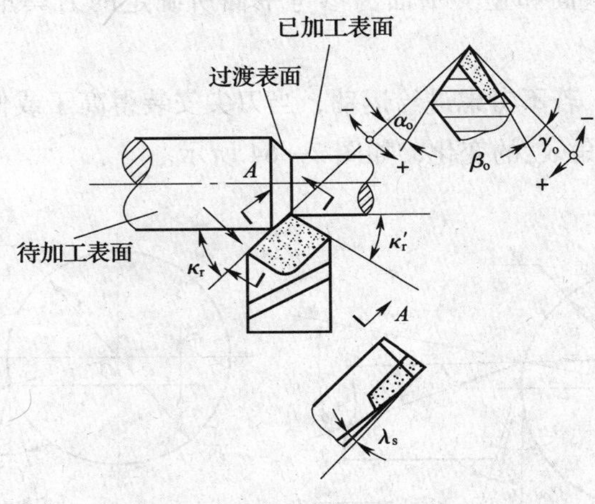


图 2—62　车刀角度

（1）前角 $\gamma_o$。前角是正交平面内前面与基面间的夹角。

（2）后角 $\alpha_o$。后角是正交平面内主后面与主切削平面间的夹角。它表示主后面的倾斜程度，一般为正值，不能为负值。

（3）主偏角 $\kappa_r$。主偏角是主切削刃在基面上的投影与进给运动方向间的夹角。

（4）副偏角 $\kappa_r'$。副偏角是副切削刃在基面上的投影与进给运动反方向间的夹角。

（5）刃倾角 $\lambda_s$。刃倾角是主切削平面内主切削刃与基面间的夹角。如图 2—63 所示，当主切削刃呈水平时，$\lambda_s=0$；刀尖为主切削刃上最低点时，$\lambda_s<0$；刀尖为主切削刃上最高点时，$\lambda_s>0$。

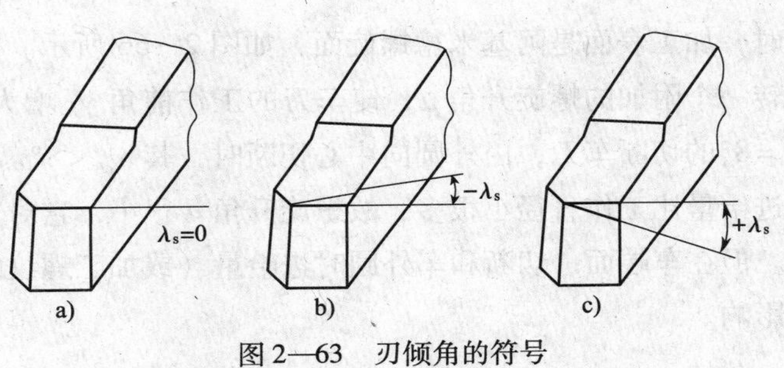


图 2—63　刃倾角的符号

（6）刀尖楔角 $\beta_o$。刀尖楔角是正交平面内前面与主后面之间的夹角。在正交平面内，前角、后角、楔角之和等于90°。

**4. 刀具的工作角度**

在实际的切削加工中，由于刀具安装位置和进给运动的影响，上述标注角度会发生一定的变化。角度变化的根本原因是主切削平面、基面和正交平面位置的改变。以切削过程中实际的主切削平面、基面和正交平面为参考平面所确定的刀具角度称为刀具的工作角度，又称实际角度。

以车刀车外圆为例，若不考虑进给运动，当刀尖安装得高于或低于工件轴线时，将引起工作前角 $\gamma_{oe}$ 和工作后角 $\alpha_{oe}$ 的变化，如图2—64所示。

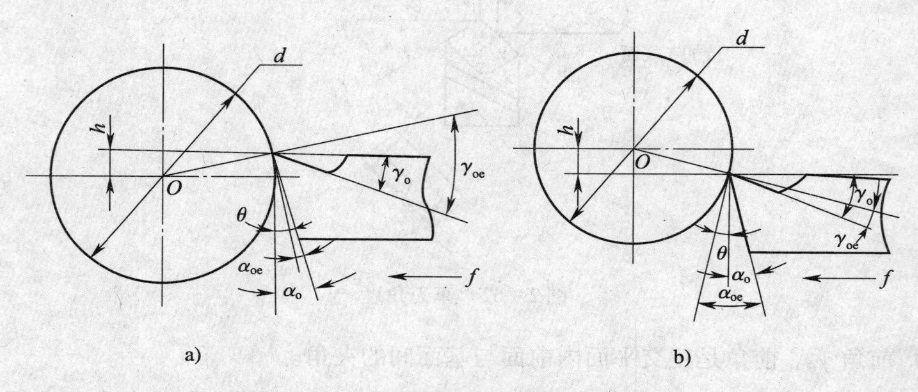


图2—64　车刀安装高度对工作角度的影响

a）刀尖高于工件轴线　b）刀尖低于工件轴线

车床上车内孔时，刀尖安装高于工件回转中心，则刀具工作角度与标注角度相比，前角减小，后角增大。车床上车外圆时，刀尖安装高于工件回转中心，则刀具工作角度与标注角度相比，前角增大，后角减小。

当车刀刀杆的纵向轴线与进给方向不垂直时，将会引起工作主偏角 $\kappa_r$ 和工作副偏角 $\kappa_r'$ 的变化，如图2—65所示。

车端面或切断时，加工表面是阿基米德螺旋面，如图2—66所示。因此，实际的切削平面和基面都要偏转一个附加的螺旋升角 $\mu$，使车刀的工作前角 $\gamma_{oe}$ 增大，工作后角 $\alpha_{oe}$ 减小。如 $\lambda_s=0°$，$\alpha_o=8°$ 的切断车刀，由外圆向中心切断时，其 $\alpha_{oe}<8°$。

一般车削时，进给量比工作直径小很多，故螺旋升角 $\mu$ 很小，它对车刀工作角度影响不大，可忽略不计。但在车端面、切断和车外圆时进给量（或加工螺纹的导程）较大，则应考虑螺旋升角的影响。

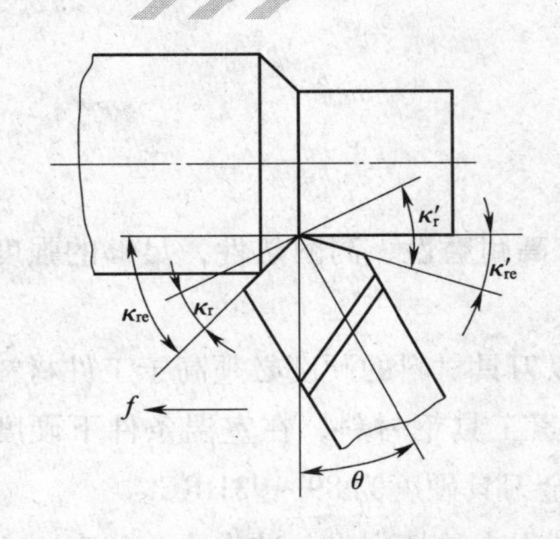


图 2—65　车刀安装偏斜对工作角度的影响

$\theta$—切削时刀杆纵向轴线的偏转角

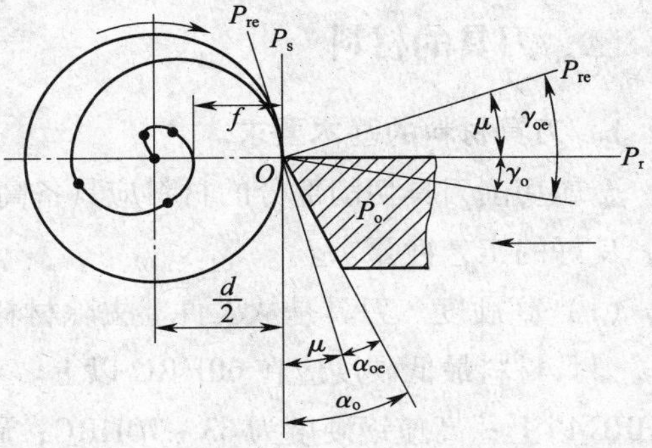

图 2—66　横向进给运动对工作角度的影响

**5. 刀具的几何角度选择**

（1）前角的选择原则。前角的大小主要解决刀头的坚固性与锋利性的矛盾。因此，首先要根据加工材料的硬度来选择前角。加工材料的硬度高，前角取小值，反之前角取大值，如用硬质合金车刀切削低碳钢，刀具可取较大的前角。其次要根据加工性质来考虑前角的大小，粗加工时前角要取小值，精加工时前角应取大值。前角一般在 $-5° \sim 25°$之间选取。

（2）后角的选择原则。首先考虑加工性质。精加工时，后角取大值；粗加工时，后角取小值。其次考虑加工材料的硬度，加工材料硬度高，主后角取小值，以增强刀头的坚固性，如拉刀、铰刀等应取较小正值的后角，以增加刀具刃磨次数，延长刀具的使用寿命。后角不能为零度或负值，一般在 $6° \sim 12°$之间选取。

（3）主偏角的选择原则。首先考虑车床、夹具和刀具组成的车工工艺系统的刚度，如车工工艺系统刚度好，主偏角应取小值，这样有利于提高车刀使用寿命和改善散热条件及表面质量。主偏角越小，刀尖强度越大，工件加工后的表面粗糙度值越小。其次要考虑加工工件的几何形状，当加工台阶时，主偏角应取 90°；当加工中间切入的工件时，主偏角一般取 60°。主偏角一般在 $30° \sim 90°$之间选取。

（4）副偏角的选择原则。首先，考虑车刀、工件和夹具有足够的刚度，才能减小副偏角；反之，应取大值。其次，考虑加工性质，粗加工时，副偏角可取 $10° \sim 15°$；精加工时，副偏角可取 5°左右。副偏角一般为正值。

（5）刃倾角的选择原则。粗加工时，工件对车刀冲击大，$\lambda_s \geqslant 0°$；精加工时，工件对车刀冲击小，$\lambda_s \leqslant 0°$，当刃倾角为负值时，切屑向已加工表面流出。一般取 $\lambda_s = 0°$。刃倾角一般在 $-10° \sim 5°$之间选取。

## 二、刀具的材料

### 1. 刀具材料的基本要求

金属切削刀具切削部分的材料应具备高硬度、高耐磨性、高耐热性，足够的强度与韧性，良好的工艺性要求。

（1）高硬度。刀具是从工件上去除材料，所以刀具材料的硬度必须高于工件材料的硬度。刀具材料最低硬度应在60HRC以上。对于碳素工具钢材料，在室温条件下硬度应在62HRC以上；高速钢硬度为63～70HRC；硬质合金刀具硬度为89～93HRC。

（2）高强度与强韧性。刀具材料在切削时受到很大的切削力与冲击力。如车削45钢，在背吃刀量 $a_p=4$ mm，进给量 $f=0.5$ mm/r 的条件下，刀片所承受的切削力达到4 000 N，可见，刀具材料必须具有较高的强度和较强的韧性。

（3）较强的耐磨性和耐热性。刀具耐磨性是刀具抵抗磨损的能力。一般刀具硬度越高，耐磨性越好。刀具金相组织中硬质点（如碳化物、氮化物等）越多，颗粒越小，分布越均匀，则刀具耐磨性越好。

刀具材料耐热性是衡量刀具切削性能的主要标志，通常用高温下保持高硬度的性能来表示，也称热硬性。刀具材料高温硬度越高，则耐热性越好，高温抗塑性变形能力、抗磨损能力越强。

（4）优良的导热性。刀具导热性好，表示切削产生的热量容易传导出去，降低了刀具切削部分的温度，减少刀具磨损。刀具材料导热性好，其耐热冲击和抗热裂纹性能也强。

（5）良好的工艺性与经济性。刀具材料的硬度并不是越高越好，还要考虑其工艺性。刀具不但要有良好的切削性能，本身还应该易于制造，这要求刀具材料有较好的工艺性，如锻造、热处理、焊接、磨削、高温塑性变形等。

经济性也是刀具材料的重要指标之一，选择刀具时，要考虑经济效果，以降低生产成本。

### 2. 刀具材料的种类及应用

（1）碳素工具钢。碳素工具钢是指含碳量为0.65%～1.35%的优质高碳钢，最常用的牌号是T12A，这类钢由于耐热性很差（200～250℃），允许的切削速度很低，只适宜做一些手动工具。

（2）合金工具钢。合金工具钢是指含铬、钨、硅、锰等合金元素的低碳合金钢。最常用的牌号有9SiCr、CrWMn等。合金工具钢有较高的耐热性300～400℃），可以允许在较高的切削速度下工作。此外这类钢淬透性较好，热处理变形小，耐磨性较好，因此，可以用于截面积较大，要求热处理变形较小，对耐磨性及韧度有一定要求的低速切削刀具，如板牙、丝锥、铰刀、拉刀等。碳素工具钢和合金工具钢两种材料作为切削刀具使用得较少。

（3）高速钢。高速钢是一种加入了较多钨、钼、铬、钒等合金元素的高合金工具钢，常用的牌号有 W18Cr4V、W6Mo5Cr4V2 等。通用型高速钢常用于加工一般金属材料，高速钢具有优良的综合性能，是抗弯强度最好的刀具材料，是应用较多的一种刀具材料。制造较高精度、刀刃形状复杂并用于切削钢材的刀具，材料应选用高速钢。

（4）硬质合金。硬质合金是由难熔金属碳化物（WC、TiC）和金属黏结剂（如 Co）的粉末在高温下烧结而成。硬质合金的硬度、耐磨性、耐热性都很高。在相同的刀具耐用度下，硬质合金的切削速度高于高速钢 4~10 倍。硬质合金切削性能好，切削效率高。目前，硬质合金已成为生产中主要的刀具材料之一。硬质合金的抗弯强度比高速钢低，冲击韧性低，因此，使用时要力求避免冲击、振动。硬质合金刀具制造较困难，成本较高，复杂结构的刀具受到一定的限制。

国产硬质合金刀具材料基本分为以下三类：

第一类为 W-Co 类硬质合金，牌号为 YG。如 YG6 表示含钴量 6%，余量为碳化钨。含钴量多的硬质合金用于冲击振动较大的粗加工，含钴量少的硬质合金用于精加工。此外，该合金具有较好的强度和韧性，刃磨性也较好，故适宜于加工铸铁和有色金属材料。

第二类为 W-Ti-Co 类硬质合金，牌号为 YT。如 YT15 表示含碳化钛量为 15%，其余量为碳化钨和钴。含碳化钛多的硬质合金刀具用于工作条件比较稳定的精加工，含碳化钛少的硬质合金刀具用于粗加工。此外，该合金具有较好的耐磨性和耐热性，故适宜于加工钢材。

第三类为 W-Ti-Ta（或 Nb）类硬质合金，牌号 YW1 和 YW2。前者用于半精加工和精加工，后者用于粗加工和半精加工。这类硬质合金既可以加工钢材，又可以加工铸铁和有色金属，称为通用硬质合金。

在 ISO 标准中，主要以硬质合金的硬度、抗弯强度等指标为依据，分为 P、K、M 三大类。

P 类硬质合金主要用于加工长切屑的黑色金属，用蓝色标记，相当于国产的 YT 类。钨钛钴类硬质合金常用牌号有 P01、P10、P20 等，后面的数字表示含钴量的高低。含钴量低，其含碳化钛量就相对多，含碳化钛越多，其硬度和耐磨性越高，但抗弯强度和导热性越差。因此，粗加工时应选用含钴量较少的牌号（P01）；精加工时应选含钴量较多的牌号（P20）。此类合金主要适用于高速切削塑性大的材料，如钢料等。

K 类主要用于加工短切屑的黑色金属、有色金属和非金属材料，用红色标记，相当于国产的 YG 类。钨钴类硬质合金常用牌号有 K01、K10、K20 等，后面的数字表示含钴量的高低。含钴量越高，其强度越高，韧性越好，但硬度和耐磨性下降。因此，粗加工时应选用含钴量较高的牌号（K20）；精加工时应选含钴量较低的牌号（K01）。其韧性、耐磨性和导热性较好，较适于加工脆性材料（铸铁、青铜等）、有色金属及其合金和不锈钢等导热性差的材料，也可用于断续切削。

M 类主要用于加工黑色金属和有色金属，用黄色标记，相当于国产的 YW 类。M 类硬质合金又称通用硬质合金或万能硬质合金，常用牌号有 M10、M20 等，后面的数字表示含钴量的高低。M10 适于耐热钢、高锰钢、不锈钢等难加工钢材及普通钢和铸铁的加工。M20 适于耐热钢、高锰钢、不锈钢及高级合金钢等特殊难加工钢材的精加工、半精加工。

（5）陶瓷。刀具用陶瓷一般是以氧化铝为基本成分的陶瓷，是在高温下烧结而成的。用得较多的是纯氧化铝陶瓷（俗称白陶瓷）和氧化铝—碳化钛混合陶瓷（俗称黑陶瓷）。

（6）超硬刀具材料。超硬刀具材料有金刚石和立方氮化硼。金刚石具有极高的硬度和耐磨性，是目前已知最硬的物质，它可以用来加工硬质合金、陶瓷、高硅铝合金及耐磨塑料等高硬度、高耐磨的材料。

立方氮化硼硬度仅次于金刚石，是人工合成的一种超硬材料。它不但具有金刚石的许多优良特性，而且有更高的热稳定性和对铁族金属及其合金的化学惰性。它作为工程材料，已经广泛应用于黑色金属及其合金材料的加工。同时，它又以其优异的热学、电学、光学和声学等性能，在一系列高科技领域得到应用，成为一种具有发展前景的功能材料。

## 三、数控刀具

### 1. 数控刀具的特点

为了满足数控机床加工工序集中、零件装夹次数少、加工精度高、方便换刀等要求，数控机床使用的刀具具有以下特点：

（1）刚度好。高速度、高效率、高刚度和大功率是数控机床的发展趋势，因此，数控加工刀具必须具有很好的刚度。数控机床用的刀具刚度好，既可适应为提高生产效率而采用大切削用量的需要，也可适应数控机床加工过程中难以调整切削用量的特点。

（2）耐用度高。数控加工刀具的耐用度及其经济寿命指标应具有合理性，要注重刀具材料及切削参数与被加工工件材料之间的匹配。铣刀的耐用度要高，使磨损减少，提高零件的表面质量与加工精度。

（3）精度高。数控加工刀具有刀具转位、交换的重复定位精度的要求，所以对定位基准的优化以及对机床主轴相对位置精度的要求较高。

（4）互换性好。为提高换刀速度，刀柄、刀夹、刀具、刀片要有很好的互换性。尽可能采用可转位刀片，磨损后只需更换刀片，从而增加刀具的互换性。

（5）可靠性高。刀具不能因切削条件有所变化而出现故障，必须具有较高的可靠性。

（6）合理的断屑、卷屑和排屑措施。数控加工刀具的几何参数和切削参数应规范化、典型化。对刀具切入的位置和方向也有要求。刀具应能可靠地断屑或卷屑，以利于切屑的排除。

（7）系列化、标准化、通用化程度高。刀具系统的系列化、标准化有利于编程和刀具管理。应尽量采用新型高效刀具，并使刀具规格化和通用化，以减少刀具种类、便于刀具管理，使数控刀具最终达到高效、多能、快换、经济的目的。

数控机床加工时，刀具选择总的原则是：安装调整方便，刚度好，耐用度和精度高。在满足加工要求的前提下，尽量选择较短的刀柄，提高刀具加工的刚度。

**2. 数控车床刀具**

常用的各种车刀如图 2—67 所示。

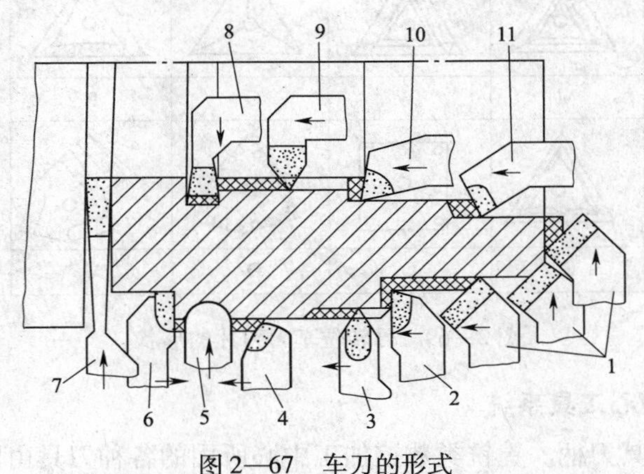


图 2—67　车刀的形式

1—45°端面车刀　2—90°外圆车刀　3—外螺纹车刀　4—70°外圆车刀　5—成形车刀　6—90°左切外圆车刀　7—切断、切槽车刀　8—内孔切槽车刀　9—内螺纹车刀　10—95°内孔车刀　11—75°内孔车刀

在数控车削加工中，广泛采用不重磨机夹可转位车刀。因为这种刀具在提高耐用度和切削效率、减少刀具调整时间、节省刀杆材料等方面具有显著的优点。图 2—68 所示为可转位车刀的形式，图 2—69 所示为可转位车刀刀片的形状。刀片一般为碳化钛、氮化钛两类硬质合金涂层刀片，故刀具有更高的耐磨性和耐热性。

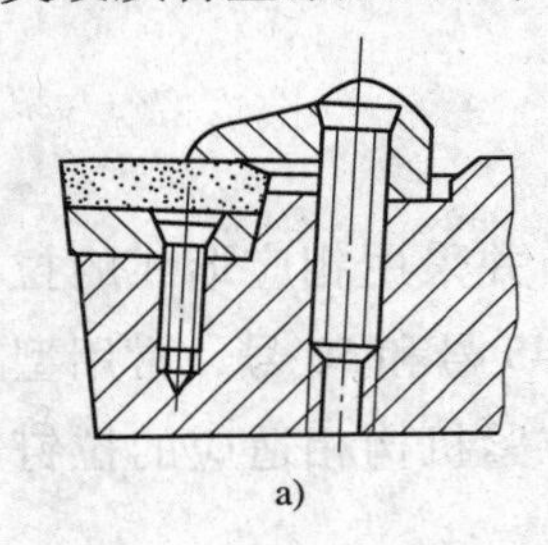

a）

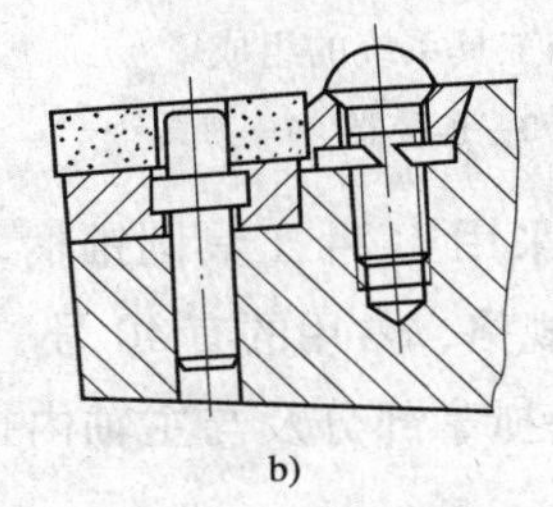

b）

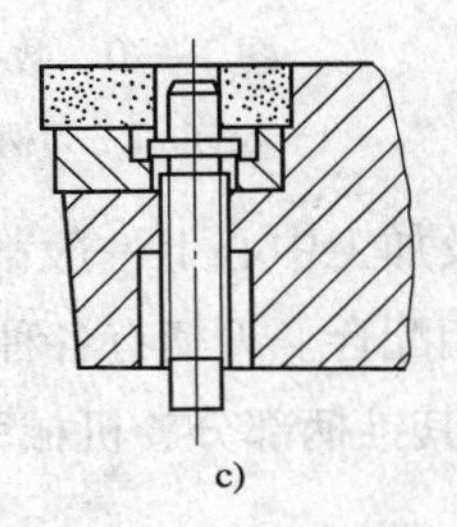

c）

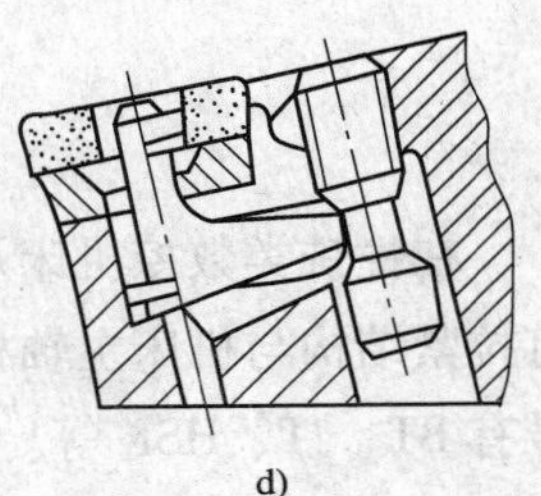

d）

图 2—68　可转位车刀

a）压板式　b）楔块式　c）偏心式　d）杠杆式

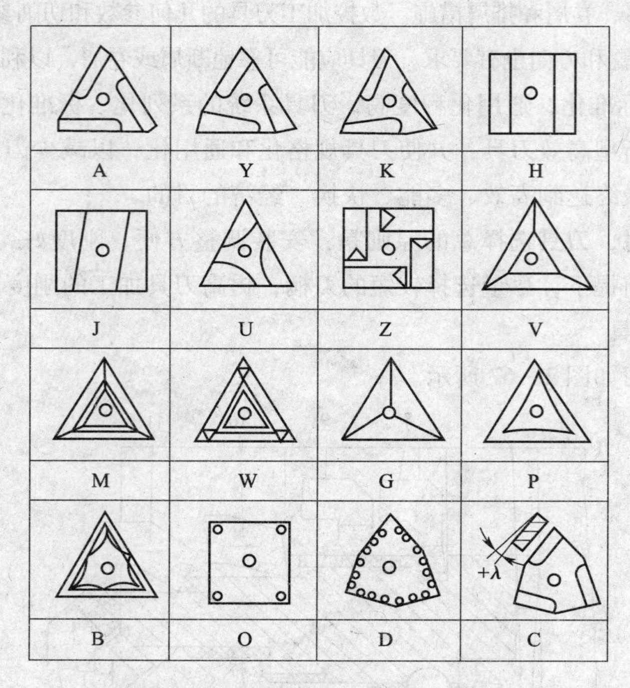


图 2—69 可转位车刀刀片的形状

**3. 镗铣类加工中心工具系统**

（1）常用数控刀具刀柄。镗铣类数控加工中心所用的各种刀具由以下几部分组成，即与机床主轴孔相适应的刀具柄部，与刀具柄部相连接的刀具装夹部分连接器和各种刀具，如图 2—70 所示。

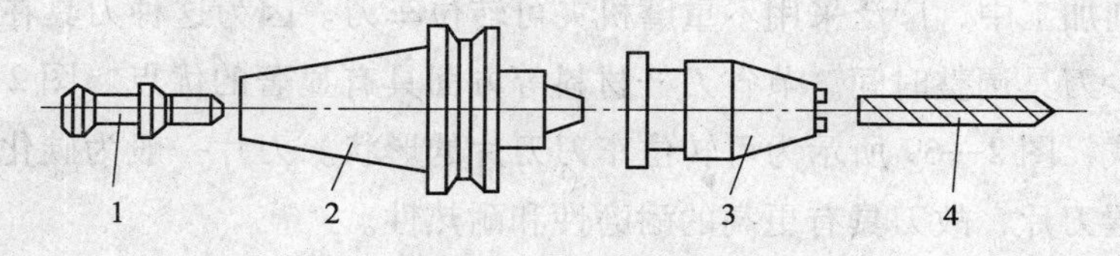


图 2—70 数控工具系统的组成

1—拉钉 2—刀柄 3—连接器 4—刀具

在镗铣类数控机床及加工中心上一般都采用 7∶24 工具圆锥柄，并采用相应形式的拉钉拉紧结构与机床主轴相配合。刀柄有各种规格，常用的有 40 号、45 号和 50 号，常用型号有 BT、JT、HSK 等。其锥柄部分、机械手抓拿部分及与主轴内拉紧机构相适应的拉钉均已标准化、系列化。

数控铣床常用的刀柄有面铣刀刀柄、钻夹头刀柄、莫氏锥孔刀柄、弹簧卡头刀柄、套式立铣刀刀柄、侧面锁紧式刀柄、丝锥刀柄及镗刀刀柄等。

钻夹头刀柄主要用于夹持直径在 13 mm 以下的直柄钻头、中心钻、铰刀等，直径在 13 mm 以上的钻头或铰刀则多使用莫氏锥孔刀柄。弹簧卡头刀柄因有自动定心、自动消除偏摆的优点，在夹持小规格的立柄刀具时被广泛采用。对于大直径的立铣刀，弹簧卡头容易出现夹持不牢的情况，则应选用带削平缺口的刀柄和相应的侧面锁紧方式（侧固式刀柄）。侧固式刀柄采用侧身夹紧，适用于切削力大的加工，一种刀柄对应配备一种尺寸的刀具。

近年来，出现了一些特殊功能的刀柄。如日本 NIKKEN 公司的 NXSE 型增速头，在主轴转速为 4 000 r/min 时，刀具转速可在 0. 8 s 内达到 20 000 r/min。当加工所需的转速超过了机床主轴的最高转速时，可以采用增速刀柄将刀具转速增大 4 ~5 倍，扩大机床的加工范围。

（2）镗铣类工具系统。工具系统是刀具与数控机床的接口，包括实现刀具快换所必需的定位、夹紧、抓拿及刀具保护等机构。把通用性较强的几种装夹工具（例如装夹铣刀、镗刀、扩铰刀、钻头和丝锥等）系列化、标准化就成为通常所说的镗铣类工具系统。

镗铣类工具系统可分为整体式结构与模块式结构两大类。

1）整体式结构工具系统。整体式镗铣类工具系统是把刀具的柄部（锥柄）与夹持刀具的工作部分（连杆）做成一体，如图 2—71 所示。

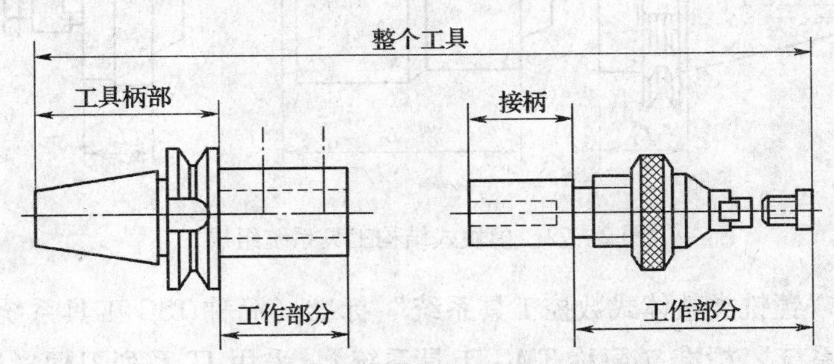


图 2—71　整体式结构工具系统组成

不同种类和规格的工作部分都必须带有与机床主轴连接的柄部，简称刀柄。刀柄是机床主轴和刀具之间的连接工具，它除了能够安装刀具外，还应满足在机床主轴上的自动松开和拉紧定位、刀库中存储和识别以及机械手的夹持和搬运等需要，刀柄的选用和机床的主轴孔相对应，并且已经标准化和系列化。

刀柄采用的标准有国际标准（ISO 7388）、德国标准（DIN 69871）、美国标准（ANSI/ASME B5. 50）、日本标准（MAS 403）和中国标准（GB 10944—89）等。由于标准繁多，在机床使用时务必注意，刀具系统的标准必须与所使用的机床相适用。刀柄与主轴孔一般采用 7∶24 的锥度与锥面配合，锥柄不自锁，换刀方便，与直柄相比有较高的定心精度和刚度。

整体式镗铣类工具系统中，工具柄部形式有 6 种：JT 型，为自动换刀机床用 7∶24 圆锥 JT 型工具柄；BT 型，为自动换刀机床用 7∶24 圆锥 BT 型工具柄；ST 型，为手动换刀机床用 7∶24 圆锥工具柄；MT 型，带扁尾莫氏圆锥工具柄；MW 型，无扁尾莫氏圆锥工具柄；ZB 型，直柄工具柄。

2）模块式结构工具系统。模块式结构工具系统是把刀具的柄部和工作部分分割开来，制成系统化的主柄模块、中间模块和工作模块，每类模块中又分为若干小类和规格，然后通过不同规格的中间模块组装成一套不同用途、不同规格的模块工具。

模块式镗铣类工具系统把整体式刀具分解成主柄模块、中间模块和工作模块三部分，如图 2—72 所示。这样既方便制造，也方便使用和保管，大大减少了用户的工具储备。当加工对象为经常变化的多品种、小批量零件或模具时，最好选用模块式刀柄。目前出现的工具系统不下几十种，其区别主要在于模块之间的定心方式和锁紧方式不同。

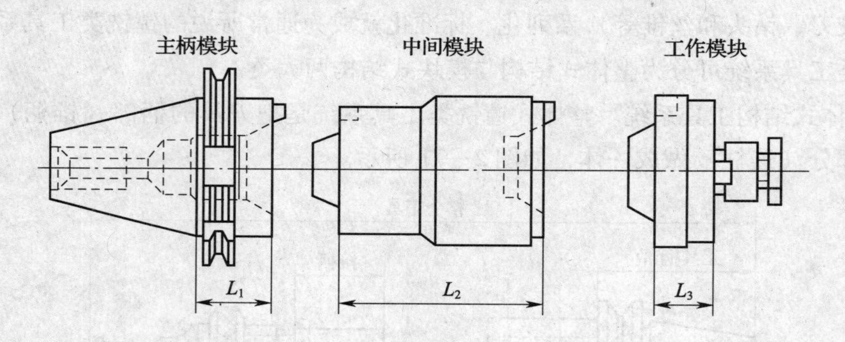


图 2—72　模块式结构工具系统组成

我国制定了“镗铣类整体式数控工具系统”标准（简称 TSG 工具系统）和“镗铣类模块式数控工具系统”标准（简称 TMG 工具系统），采用 JT 系列刀柄（GB 10944—89）为标准刀柄。考虑到目前使用日本 MAS/BT403 刀柄的机床目前数量较多，TSG 及 TMG 也将 BT 系列作为非标准刀柄首位推荐，即 TSG、TMG 系统也可按 BT 系列刀柄制作。

**4. 数控铣床常用刀具的种类**

数控铣床上使用的刀具主要有铣削用刀具和孔加工用刀具两大类。

（1）常用铣刀。数控铣削常用刀具有面铣刀、立铣刀、模具铣刀、键槽铣刀、鼓形铣刀和成形铣刀等。

1）面铣刀。如图 2—73 所示，面铣刀一般多在盘状刀体上机夹、焊接硬质合金刀片或其他刀头，故面铣刀又称盘铣刀。面铣刀常用于端铣较大的平面。面铣刀的圆周表面和端面上都有切削刃，圆周方向切削刃为主切削刃，端面切削刃为副切削刃。

2）立铣刀。立铣刀是数控铣削加工中最常用的一种铣刀，如图2—74所示是两种最常见的立铣刀。立铣刀的圆柱表面和端面上都有切削刃。圆柱表面的切削刃为主切削刃，端面上的切削刃为副切削刃。主切削刃一般为螺旋齿，这样可以增加切削平稳性，提高加工精度。端面刃主要用来加工与侧面相垂直的底平面。由于普通立铣刀端面中心处无切削刃，因而立铣刀不能轴向进给，立铣刀广泛用于加工平面类零件。

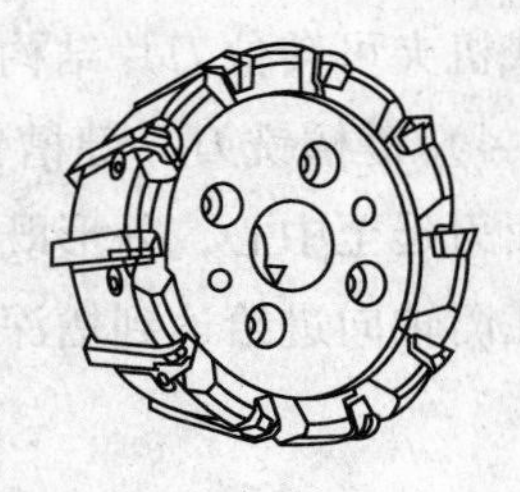

图2—73　面铣刀

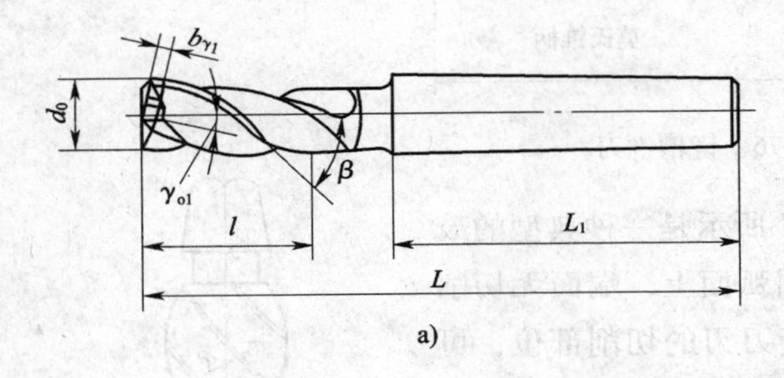


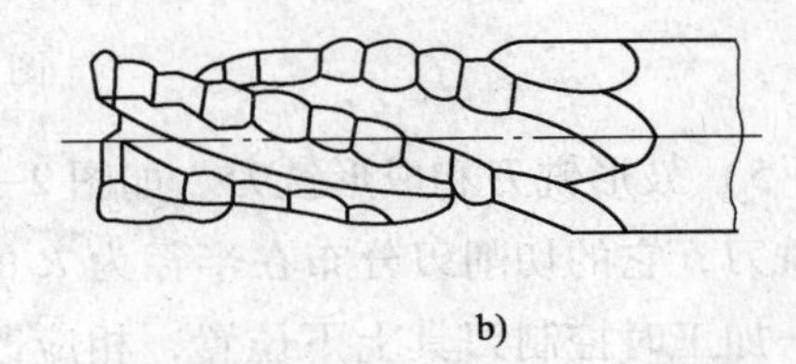


图2—74　立铣刀

a）高速钢立铣刀　b）波形立铣刀

3）模具铣刀。模具铣刀由立铣刀发展而成，主要用于空间曲面、模具型腔等曲面的加工。模具铣刀分为圆锥形立铣刀、圆柱形球头立铣刀和圆锥形球头立铣刀三种，如图2—75所示。其柄部有直柄、削平型直柄和莫氏锥柄。

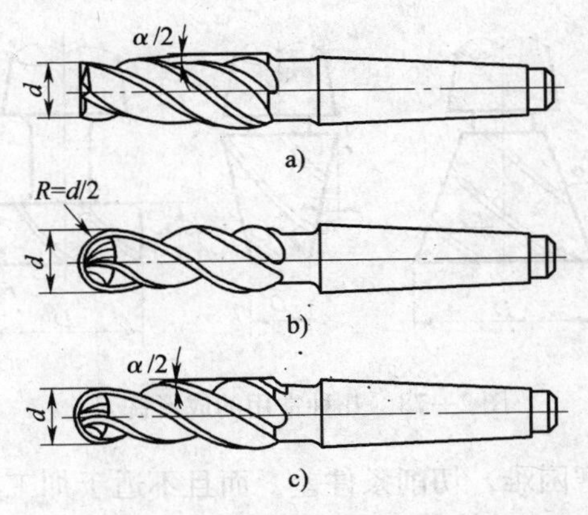


图2—75　高速钢模具铣刀

a）圆锥形立铣刀　b）圆柱形球头立铣刀　c）圆锥形球头立铣刀

它的结构特点是球头或端面上布满了切削刃，圆周刃与球头刃圆弧连接，可做径向和轴向进给。小规格的硬质合金模具铣刀多制成整体结构，一般16 mm以上直径的，制成焊接或机夹可转位刀片结构。

4）键槽铣刀。键槽铣刀如图 2—76 所示，有两个刀齿，圆柱面和端面都有切削刃，端面刃延至中心，外形既像立铣刀，又像钻头。用键槽铣刀铣削键槽时，可以不经预钻工艺孔而轴向进给达到槽深，然后沿键槽方向铣出全长。

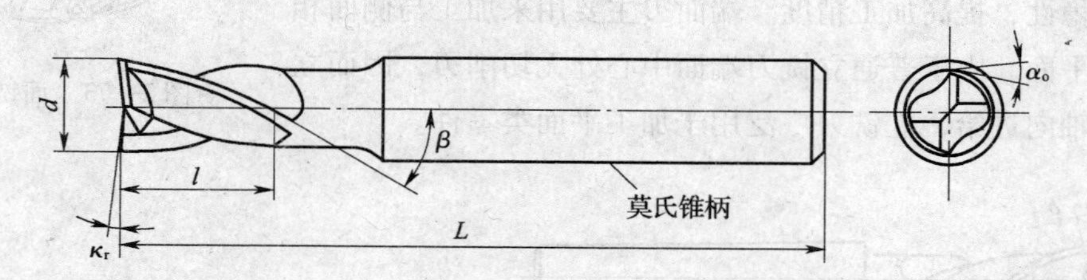


图 2—76　键槽铣刀

5）鼓形铣刀和成形铣刀。如图 2—77 所示是一种典型的鼓形铣刀，它的切削刃分布在半径为 $R$ 的圆弧面上，端面无切削刃。加工时控制刀具上下位置，相应改变刀刃的切削部位，可以在工件上切出从负到正的不同斜角。$R$ 越小，鼓形铣刀所能加工的斜角范围越广，但所获得的表面质量也越差。

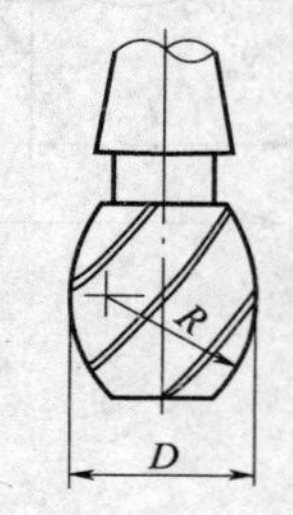


图 2—77　鼓形铣刀

成形铣刀一般都是为特定形状的工件或加工内容专门设计制造的，适用于加工平面类零件的特定形状（如角度面、凹槽面等），也适用于加工特形孔或台。如图 2—78 所示为常用的成形铣刀。

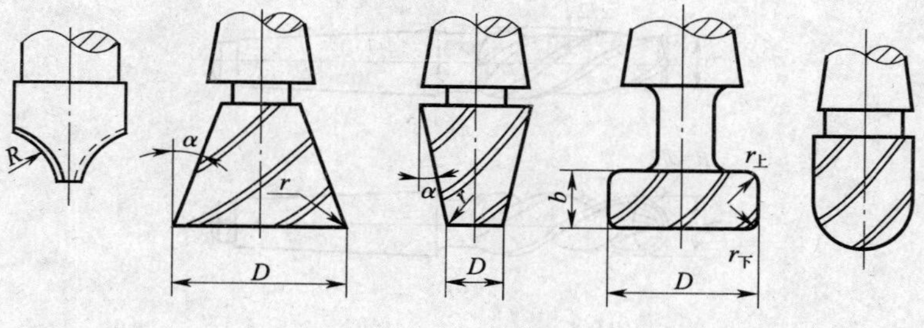

图 2—78　几种常用的成形铣刀

这些刀具的缺点是刃磨困难，切削条件差，而且不适于加工有底的轮廓表面，主要用于对变斜角面的近似加工。

（2）常用孔加工刀具。常用的孔加工刀具有中心钻、麻花钻（直柄、锥柄）、扩孔钻、锪孔钻、铰刀、丝锥、镗刀等，如图 2—79 所示。

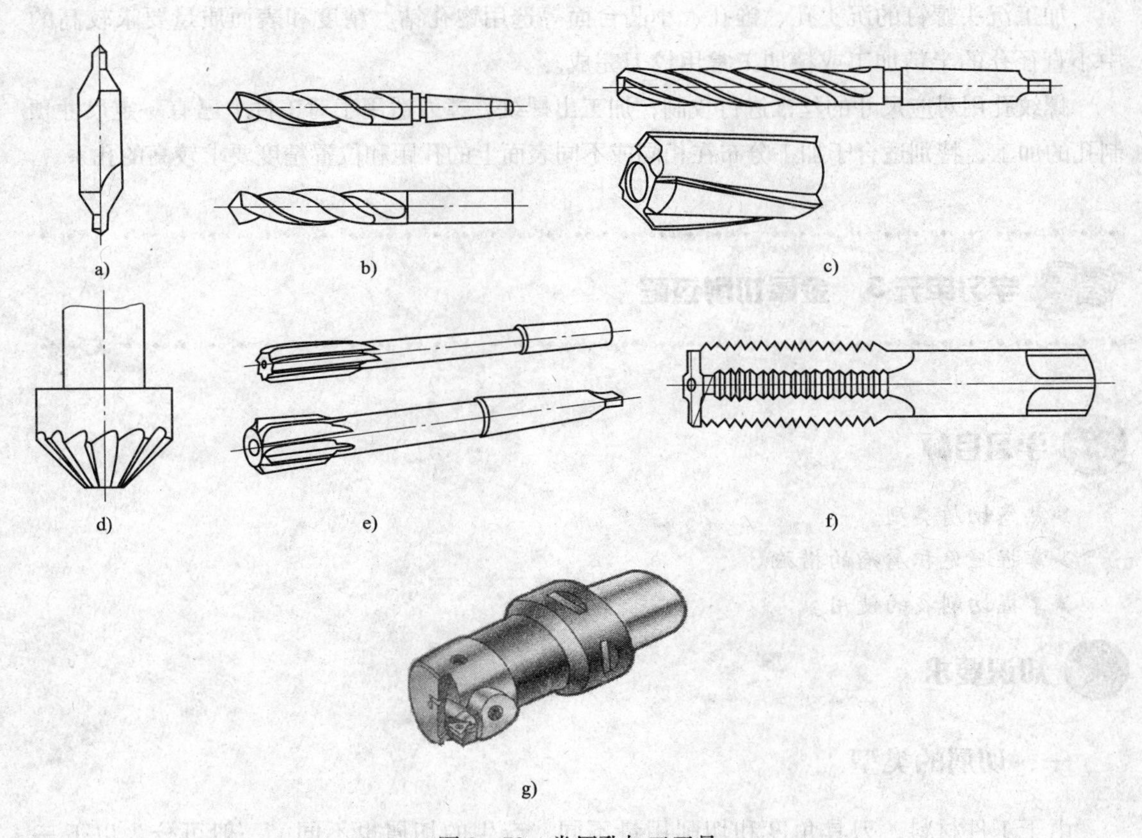


图 2—79　常用孔加工刀具

a）中心钻　b）麻花钻　c）扩孔钻　d）锪孔钻　e）铰刀　f）丝锥　g）镗刀

**5．数控铣床常用刀具选择**

（1）常用铣刀选择。铣刀类型应与工件的表面形状和尺寸相适应。加工较大的平面应选择面铣刀；加工凸台、凹槽、较小的台阶面及平面轮廓应选择立铣刀；加工空间曲面、模具型腔或凸模成形表面等多选用模具铣刀；加工封闭的键槽选择键槽铣刀；加工变斜角零件的变斜角面应选用鼓形铣刀；加工各种直的或圆弧形的凹槽、斜角面、特殊孔等应选用成形铣刀。数控铣床上使用最多的是可转位面铣刀和立铣刀。用立铣刀加工内槽轮廓时，刀具半径应小于零件内轮廓面的最小曲率半径。

（2）常用孔加工刀具选择。钻孔之前用中心钻定点钻孔。麻花钻应用于孔的粗加工，可作为不重要孔的最终加工。扩孔钻常用于已铸出、锻出或钻出孔的扩大，可作为要求不高孔的最终加工或铰孔、磨孔前的预加工。

加工沉头螺钉的沉头孔、锥孔、小凸台面等选用锪孔钻。精度和表面质量要求较高的中小直径孔的半精加工或精加工常用铰刀完成。

螺纹孔用对应尺寸的丝锥进行攻制，加工出螺纹。镗刀适用于对工件上已有一定尺寸预制孔的加工，特别适合于加工分布在相同或不同表面上的孔距和位置精度要求较高的孔系。

# 学习单元3　金属切削过程

## 学习目标

➢熟悉切屑类型。

➢掌握避免积屑瘤的措施。

➢掌握切削液的使用。

## 知识要求

### 一、切屑的类型

由于工件材料、刀具角度和切削用量不同，产生的切屑也不同，一般可分为以下三类，如图2—80所示。

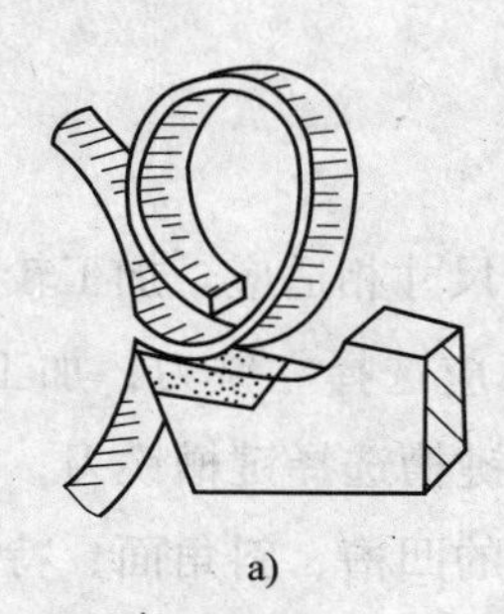


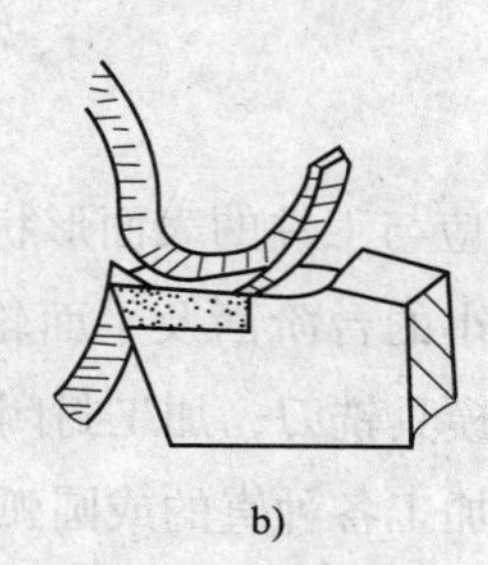


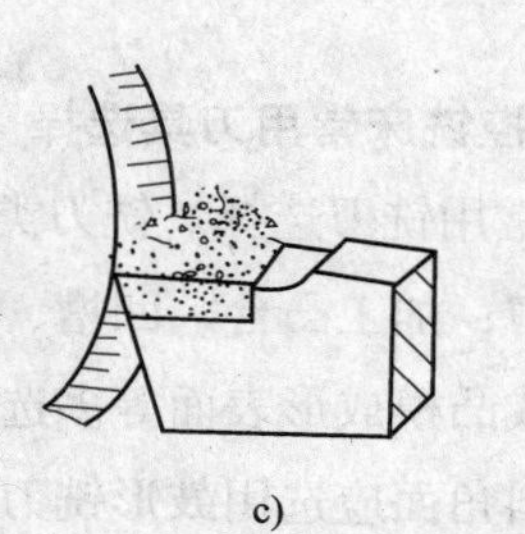


图2—80　切屑的种类

a）带状切屑　b）节状切屑　c）崩裂切屑

#### 1. 带状切屑

这类切屑呈连续不断的带状。当用较大前角的刀具、较高的切削速度和较小的进给量加工塑性材料（如钢）时，容易得到带状切屑。生产中常见于车削或钻削。这类切屑的变形小、切削力平稳、加工表面光洁，是较为理想的切削状态。但带状切屑容易缠绕在工件或刀具上，影响操作并损伤工件表面，甚至伤人。

**2. 节状切屑**

节状切屑底面有裂纹，背面有明显的挤裂纹，呈锯齿状，故又称挤裂切屑。当用较小前角的刀具、较低的切削速度和较大的进给量加工中等硬度的钢材（如中碳钢）时，常得到节状切屑。形成这类切屑时，切削力波动较大，工件表面也较粗糙。

**3. 崩裂切屑**

切削铸铁、青铜等脆性材料时，被切材料受挤压产生弹性变形后，突然崩碎而形成不规则的屑片，即崩裂切屑。在切削过程中，切削力集中在切削刃附近，且波动较大，从而降低了刀具使用寿命，增大了工件表面的粗糙度。

切削塑性金属时，形成带状切屑时切削过程最平稳，切削波动最小，形成崩裂切屑对切削波动最大。切屑在形成过程中往往塑性和韧性降低，脆性提高，为断屑形成了内在的有利条件。在现代切削加工中，切削速度与金属切除率达到了很高的水平，刀具及刀片具有合理的槽形设计，能达到较为理想的断屑效果。

## 二、积屑瘤

在一定速度下切削塑性材料时，常发现在刀具前面上黏附着一小块很硬的金属，这块金属称为积屑瘤，如图 2—81 所示。

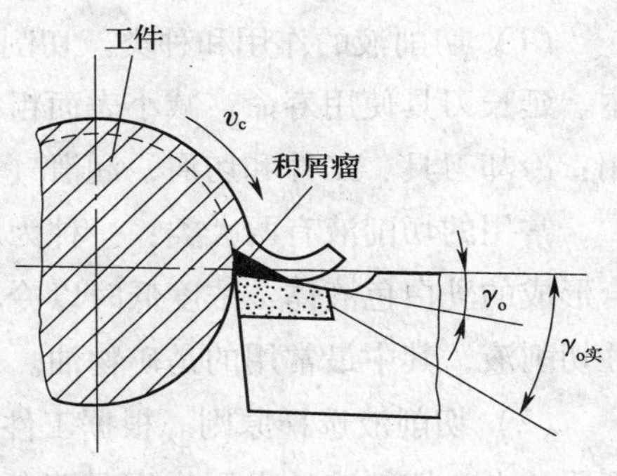

图 2—81　积屑瘤

积屑瘤是由于切屑和前面剧烈摩擦而形成的。随着切削的继续进行，积屑瘤逐渐长大；当长大到一定程度后，就容易破裂而被工件或切屑带走。上述过程是反复进行的，而且进行得很快。积屑瘤“冷焊”在前面上容易脱落，会造成切削过程的不稳定。切削速度为中速时，最易产生积屑瘤。在很高或很低的切削速度下，或在良好的冷却润滑条件下切削时，切屑与前面之间的摩擦力较小，切屑内部分子间的结合力相对较大，不会出现积屑瘤。

切削低碳钢时，避免产生积屑瘤的有效措施是对材料进行正火。采用大前角刀具切削，以减小刀具与切屑接触的压力，是减小或避免积屑瘤的有效措施之一。

## 三、切削热与切削液

**1. 切削热的产生**

在切削过程中，绝大部分的切削功都转变成热量，称为切削热。切削热的主要来源有三个方面：

（1）切削变形所产生的热量，是切削热的主要来源。

（2）切屑与刀具前面之间摩擦所产生的热量。

（3）工件与刀具后面之间摩擦所产生的热量。

**2. 切削热的传出和对加工的影响**

切削热产生以后，通过切屑、工件、刀具及周围的介质（如空气）传出。各部分传出热量的比例取决于工件材料、切削速度、刀具材料及刀具几何形状等。

传入切屑及介质中的热量对加工没有影响。传入刀具的热量虽不多，但由于刀具切削部分体积很小，因此，刀具在切削过程中温度可达很高（高速切削时可达 1 000℃以上）。温度升高后，会加速刀具磨损。传入工件的热量，可能使工件变形，从而产生形状和尺寸误差。

因此，在切削加工中，设法减少切削热的产生，改善散热条件以及减小高温对刀具和工件的不良影响，有着重大的意义。

**3. 切削液**

（1）切削液的作用和种类。切削加工中，有效地使用切削液，可以增加产量、降低成本、延长刀具使用寿命、减小表面粗糙度、提高尺寸精度和降低功率消耗。切削液基本作用：冷却刀具、工件和切屑，润滑（降低摩擦和刀具磨损），清洗和排屑，防锈。

常用的切削液有两大类：一种为水溶性切削液，其中乳化液最为典型，是由水和油混合形成的乳白色液体，浓度低时以冷却为主，浓度高时具有良好的润滑作用；一种为油溶性切削液，其中最常用的是矿物油。

（2）切削液选择原则。根据工件材料、工艺要求和工种特点选择切削液。粗加工时切削用量大，切削液的主要作用是降低切削温度，应选择冷却作用好的水溶性低浓度乳化液；精加工时，切削液的作用是提高工件表面质量和刀具耐用度，应选择润滑性好的油溶性切削液。